永康市精进文化协会系列丛书

精进路上的追梦人

JINGJIN LUSHANG DE ZHUIMENGREN

永康市精进文化协会 著

浙江工商大学出版社
ZHEJIANG GONGSHANG UNIVERSITY PRESS

·杭州·

图书在版编目(CIP)数据

精进路上的追梦人 / 永康市精进文化协会著. —杭州：
浙江工商大学出版社, 2019.12
（永康市精进文化协会系列丛书）
ISBN 978-7-5178-3617-9

Ⅰ. ①精… Ⅱ. ①永… Ⅲ. ①成功心理—通俗读物
Ⅳ. ①B848.4-49

中国版本图书馆 CIP 数据核字(2019)第278126号

精进路上的追梦人
JINGJIN LU SHANG DE ZHUIMENG REN
永康市精进文化协会 著

责任编辑　厉　勇
封面设计　雪　青
责任印制　包建辉
出版发行　浙江工商大学出版社
　　　　　（杭州市教工路198号　邮政编码310012）
　　　　　（E-mail: zjgsupress@163.com）
　　　　　（网址: http://www.zjgsupress.com）
　　　　　电话: 0571-81902043, 89991806(传真)
排　　版　杭州朝曦图文设计有限公司
印　　刷　杭州高腾印务有限公司
开　　本　710mm×1000mm　1/16
印　　张　22
字　　数　353千
版 印 次　2019年12月第1版　2019年12月第1次印刷
书　　号　ISBN 978-7-5178-3617-9
定　　价　68.00元

清梦无声 精进有痕

题永康市精进文化协会

七彩书来咏复吟,欢言洋溢话情深。

修身诚贵日三省,牵念难能梦一寻。

为有传承识精进,陶然意切醉倾忱。

求真悟道知行践,唯美人间在素心。

2019年9月15日,由永康影视办主办的第六十二期影视文化沙龙——永康市精进文化协会走进永康影视暨永康市精进文化协会第一届二十六次理事会在金碧大厦影视办举行。市影视办、市社科联、永康影人会负责人及永康市精进文化协会全体理事参加。文前一诗即是我在会上赠给永康市精进文化协会的。会上,永康市精进文化协会全体理事为永康影视文化产业发展提出了很多宝贵的意见和建议,会长颜秀丽还代表永康市精进文化协会向影视办赠送了《精进人的答卷》一书。颜秀丽同时表示,协会的另一本新书也即将付梓,希望我能为之写序。对此我虽然有些忐忑,但还是欣然答应了,因为我与这个协会结下了不解之缘,我对这个协会有自己的理解。

说到不解之缘,要回溯到两年前。2017年8月13日,永康市精进文化协会在明珠大酒店隆重举行成立大会,我应协会主管部门——市社科联之邀,代表市政协参加并为协会授牌。会前,主持人希望我能做个发言鼓励一下,我说我对这个协会还不了解,还是请主管单位领导讲吧。参加了成立大会后,我对协会有了初步的了解,他们整齐的服装、严明的纪律、清新的风貌、如火的激情,以及提出的"自信、自律、传承"的价值观和"精进一生,践行一生"的口号,令我动容,并深受感染。精进作为一个汉语词语,意指努力向善向上,以此作为协会文化传承和协会精神,自当令人感动和期待,这也使我对协会平添了几分钦羡。所以,在稍后举行的协会成立晚会上,我主动提出发言,并向协会赠送了当场创作的一首五绝诗:"自律汇群英,传承知践行。随心书七彩,精进写人生。"没想到,这首诗从此就被贴到了协会创办的公众号里,每期刊发,直到现在。

全书读来,感慨良多。

精进之美在于激情与活力。激情是一种热情洋溢、积极向上、充满朝气的情感,是对工作的热忱、执着和忘我投入的状态。在工作、生活中,一个充满激情的人,就会释放出无穷的潜力,就会有许多意想不到的收获。它是一种力量,使人有能力解决最艰难的问题;它更是一种推动力,推动着人们不断前进。一时的激情容易产生,但要一直保持却是很难的,而精进文化协会的成员们,不但做到了有激情与活力,而且能常做常新,不断出新,各种有创意、有内涵且富于正能量的活动层出不穷,既保证了激情不减,又促进了活力永存,难能可贵。

精进之美在于坚持与毅力。毅力即意志力,它是人们自觉克服困难、砥砺前行的一种意志品质,它同时也是一种忍耐力,是一个人完成学习、工作、事业的持久力。精进文化协会的会员多为来自各行各业的企业家,该组织最大的特点是会员每天都要将自己的所见所闻用文字予以记录,并在微信朋友圈发布,以此督促自己不断成长进步,并不断提高自己的文字水平。抛开企业家工作繁忙不说,每天坚持写作和记录,一般人已经难以做到。如,十几年前我们也曾经推出过基层干部记日记的要求,而且当时所谓的日记其实是每周一记。即便如此,这项工作最后还是没有坚持下去,足见坚持写日记的难度。而精进人将此作为基本的要求,着实不易,值得点赞。

精进之美在于探索与追求。精进人的"日精进"有写洞见的要求,足见精进人的写作不仅是简单地对感知的记录,更多地是观察与思考、探索与领悟。"从来没有一个时间点让我们对文化如此渴求。精进文化协会会员大多是民营企业负责人,在新常态下,永康民营企业正经历爬坡过坎转型升级的关键时期,文化可让人在风起云涌的商海中内心平静;同时,企业家们也越来越感到文化是创新的重要源泉。"精进文化协会秘书长王美强如此说。危机和责任意识催生了精进人的求索和担当意识,并进而付诸行动,在抱团中交流,在探讨中进取,相互学习,相互启迪,相互感染,共同提升,且乐在其中。

精进之美在于和谐与纪律。协会作为一个民间志同道合者自发形成的团体,成立相对容易,但要持续发展却不易。现在一些协会,特别是冠以文化之名的协会成立时轰轰烈烈,过不了多久就冷冷清清的已不鲜见。究其原因,除办会宗旨存疑外,和谐和纪律亦是重要因素。精进文化协会自成立之始即把纪律要求作为对会员的基本要求之一,强调自律和守纪结合,辅之以组织体系延伸和思想工作的及时跟进,尤其是会长和协会理事会成员以身作则,讲奉献,讲包容,促团结,从而有效保证了协会整体的和谐运转与办会水平的不断提升。

精进之美在于实践与成果。现在众多的社团组织和社交群体如雨后春笋,但综观这么多的团体,能在短时间内结出硕果的确实不多。在协会的引路人——崇德学校校长林刚丰看来,精进人一篇篇正能量的微文已经在朋友圈成为一道亮丽的风景,从一篇篇微文中可以看到,每个人的身上俗气越来越少,书卷气越来越多;功利心越来越少,清气越来越多;浮躁越来越少,静气越来越多。文启人心智,行引人向善。本书的出版不仅是精进人智慧的结晶和展示,更是一种成果的分享和文化的积淀,它必将更加激励协会会员秉持"自信、自律、传承"的价值观,促进自身更好发展。

初心有意,精美无声。

"漫漫精进路,感恩您坚持留下最精彩的身影,精进一生,践行一生,让我们共同创造精进文化,传承精进文化!"留在精进文化协会公众号结尾的这段话如清风扑面,它既是协会的座右铭,更是永康精进人自强自励、自警自省的警示语。精进文化协会作为新兴民间社团组织,正以其蓬勃的活力和独特的存在展示着清新的魅力。衷心祝福协会越办越好,越办越出彩,也祝愿协会能更好地荟萃人才、汇集民智,为永康经济文化和社会发展贡献更多的文化力量。

最后,再作一首《沁园春·精进文化赞》。

七彩书来,撷得洞见,点亮心灯。望齐家树德,忱牵一梦;修身立范,日贵三省。文化传宣,认知求索,悟道寻真识践行。悦心处,是张张答卷,精美无声。

陶然荟萃群英,更活力无穷付激情。看访巡异国,宏开视野;越穿大漠,淬励艰贞。学向虚谦,思崇谨善,律己谐和竞比争。恒有念,但那时回首,未负人生。

是为序。

胡潍伟
(浙江省永康市政协副主席)
己亥秋日于永康

目 录

第一辑 春天队

第二辑　夏天队

第三辑 秋天队

第四辑　冬天队

第五辑　儿童队

第一辑

春天队

奋斗的起点

颜润棋

40年前父母生下了我们7个儿女,少田少地的一家人艰难地生活在农村。从小我就穿姑姑的旧衣服长大,4个哥哥在夏天上身总是赤条条的。爸爸为了贴补家用,经常偷偷外出,可因为做生意在那个年代属"投机倒把",所以经常被抓去"学习班"学习,比我大9岁的大哥就曾亲眼看见爸爸被抓的场景。没有了爸爸的保护,许多事情就落在了大哥身上。爸爸本就脾气不好,加上在"学习班"没办法工作,情绪就更加激动,大哥送去"学习班"的饭食,爸爸有时就会扔出来,好几次都差点扔到大哥的头上。

我小时候很少见到爸爸,见到的时候大多是在晚上,爸爸偷偷摸摸从后门回来看下我们,就马上溜走,实在怕有人举报再次被抓。养7个儿女的重担就落在妈妈身上,光解决温饱就已经是老大难的问题了。妈妈既要当母亲,又要承担起当父亲的角色。我有4个哥哥,2个妹妹,我是老五。生我的时候爸爸不在家,大哥去叫接生婆,大哥那年9岁,半夜三更他也怕,只能找叔叔、爷爷陪着。妈妈生妹妹的时候是冬天,我印象非常深,因为家里做秤花钢丝生意,生完妹妹的第二天要去金江龙赶集,她迈着虚弱的步伐,迎着大雪,吆喝起生意。因此,妈妈落下了许多的病痛,为了这个家她付出太多太多了。

穷真的很可怕。我那时太小,没能力改变家庭,到了10岁那年学校放暑假,刚好叔叔家隔壁办了一个橡胶厂,老板答应让我做临时工。3元钱一天,放假回家我先抓紧时间做完暑假作业,然后就去橡胶厂打工。虽然那时还是个童工,但穷怕了,不能没有钱啊,想吃好吃的没有,想穿漂亮衣服也没有。我还和阿姨去永康各个乡镇赶集卖衣服,到了寒假,我在方岩山上卖玩具,自己又从义乌进些货,跟着阿姨到处去赶集卖玩具、做灯纱。每到一处,总能吸引很多人围观:"这个小姑娘这么小就来做生意了。"和没有钱的痛相比,冬天刺骨的寒冷不再算痛。

这或许是我奋斗的起点,之后只有初中文化的我直接走向了社会。我干了很多工作,女人出去做生意其实比男人要难许多。当客户喜欢我,并给我暗示的时候,心里就害怕,但光害怕也不行。怎么既把生意做成,又要让客户满意呢?我想了一个两全其美的办法,叫闺蜜陪我去收货,因为和闺蜜在一起,客户就不能有非分之想。后来在上海,又经营了别的事业,做了不久,因与合伙人经营理念不同,一冲动就散伙了。我又独自一人回到永康创业,当时年少轻狂,很冲动,我知道自己要重新创业,谈何容易!前面合伙又亏了钱,没有了本钱,又想办厂,但是我深信自己想要追求好的生活。

总之,为了生活必须奋斗。回到永康,为了筹资金,把丈夫买给我的金器全部贱卖掉,可办厂钱还是不够。或许在上海曾经种下过一颗善良的种子,它在此时发了芽,我帮助过的一家企业在我创业之初拉了我一把,或许对他来说这点资金并不多,但对我来讲是命运的转折点。工厂开张后自己既是小工,又是送货员,是维修工,又是老板,反正什么都干,员工给我的评价是哪里需要,哪里就有我。

后来,企业慢慢走上了正轨,我的生活也变得富有而幸福。

(2019年1月1日,日精进第2284天)

◎洞见:如今,我的企业在业内小有名气。我为什么一直在艰苦奋斗,因为对幸福生活的向往,让我一往无前。我想把自己的故事分享给更多的人,2012年我写出了第一篇日精进,希望自己能不断进步。或许奋斗路上坎坷很多,但回望过去才发现那是成长。

苟日新 日日新 又日新

颜润棋

"苟日新,日日新,又日新"语出儒家经典《大学》,本来是说洗澡的问题:假如今天把一身的污垢洗干净了,以后便要天天把污垢洗干净,这样一天一天地下去,每天都要坚持。现在引申为:精神上的洗礼、品德上的修炼和思想上的改造又何尝不是这样呢?

童年的我因为没有机会读书,某位朋友偶然的一次点拨让我有了写短日记的想法。2012年10月1日,我开始付诸行动,这一写就是6年多,真是"日日新,又日新"。慢慢改变的不仅是我自己,还有身边的人。孩子和妹妹写了1000多天,现在小嫂也加入写日精进的队伍,我们家族有5名成员在写。

最初我是怕自己坚持不下去,便想借大家的力量督促我前进,结果许多朋友给我点赞,给我留言。我渐渐喜欢上在朋友圈发布日记,并形成了习惯。2013年10月11日,我的生日,也是我写日记的第376天,刚好和同学在历山聚会,就在那天我认识了会飞姐。她是被我感召的第一个人,因为我已经发现了写日记的益处——"静心体悟""精诚所至""日日收获"。我们每天都在忙忙碌碌中度过,也许没有时间静下来好好地思考,可是当写日记的时候,人就会慢慢地安静下来,真正用心地去体悟:今天学到了什么?悟到了什么?如何做得更好?通过写日记,发现生活中的点点滴滴,这也是日精进得名的由来。后来龙川工贸的老总也加入,在他们的助力下,原本几个好朋友的日记之旅开始发生了变化,加入的人越来越多,共有60多人加入了写日记的队伍。

"上行下效",父母是孩子最好的老师。2014年7月1日,时年9岁的儿子也加入进来。2016年10月30日,儿子与同学创立了儿童日精进群,目前有30多个孩子在写日精进。

人难免有惰性。既然承诺写日精进,就要每天写一篇文章,发布一篇文章,加入了就要坚持下去。从此,每天督促没写、没发的人上交日精进成了我的另一项工作。曾有人说:"这个女人太烦了,大半夜还给男人打电话,搞得人家夫妻关系都不和睦了。"我说："你要是不写、不交，我半夜也给你打电话。"

2014年8月13日，我与日精进一位成员分享时说："日精进这么多个群太分散了，管理太累了。每天要检查、要通知、要监督。"他建议合并组建一个群，我就马上拿着我的手机建了"永康日精进智慧群"，这让日精进智慧群走向更为规范化的管理。我们统一了日精进格式，每个人都有编号，还成立了组织部门，分工明确，高效监督。从我一个人管理，到现在一支管理小队伍管理，很多人都在默默付出。

2017年8月，永康市精进文化协会正式成立，管理走向制度化。现在，每天都会有人监督、检查会员有没有写日精进，第二天马上公布未写名单，公平、公开、透明，一日没有做到就马上乐捐，乐捐出来的钱去帮助需要帮助的人。

2018年11月，一场前所未有的年会轰动了整个永康城，每一位精进人向优雅出发，用奋斗者的姿态朗读属于自己的书稿，永康市精进文化协会成了永康市正式注册民间组织中第一个出版书籍的协会，当一篇篇朋友圈的微文从屏幕那头走到了纸端这头，我们协会的文化味越来越浓……

（2019年1月2日，日精进第2285天）

洞见：日精进如今成了永康人朋友圈的一道靓丽风景，他们让每一个奋斗的永康人有了自己的文字后花园。我完成了人生当中最大的蜕变，由年少轻狂变得成熟稳重，由感性变为理性。我的人生格局得到了拓展，我不仅是一个好母亲、一个女强人，我更是一个企业家。

习近平总书记说，幸福是奋斗出来的。精进的家人都很幸福，因为我们秉承坚持的力量，将它转化为一个强大的动力，产生N次方效应，让全社会受益，这是我们精进人的共同目标。

创业的转变

颜润棋

我从事蜂窝纸板包装行业,已经有18年了。由于纸板对上游配套产业几乎没有主动权,只能被动前行,这期间有过抱怨,有过放弃的念头,但一直还在行业里坚持着。

从2014年起到现在,企业里做的几乎都是减法。门业行业的下滑,企业与企业之间担保链出现的问题,许多上游企业的破产,都直接影响到我们。18年里产生了几百万元的坏账,让我学会了重新选择合作的方式,对企业的风险重新定位。

2015年,环保部门对生产原纸厂家的调控,使许多纸厂关门,成本转嫁到供应商。本来纸款可以赊账的,付款模式瞬间就变成了款到发货,还要交预付款。我们给供货商的结账周期只会越拖越久。而供应商不光要求款到发货,还要求把之前的欠款全部结清,"一反一付"给我们增加了很大的压力。雪上加霜的是,我们急需还清200万元银行贷款,以及因行业的恶性竞争带来的持续低利润运营,我毅然退出防盗门用的蜂窝纸行业,只从事蜂窝板和蜂窝纸箱。

这5年,一年比一年难做,每年总想下一年会更好,可总是事与愿违。就是这5年让我学会了勒紧裤腰带,以前只做年度计划,而这几年学会做还钱计划,如何做到不欠账。同时我也明白了,无论企业景气不景气,都要做到勒紧裤腰带。有钱时想想没钱的时候,没钱时更要降低成本。只有练好内功,才能将外部环境的影响降到最低。

2018年11月,小哥的突然离去,同行业的快速崛起,敲醒了我沉睡了5年的心灵。身上背负着太多太多的责任,还有许多梦想都没实现,我必须重新站起来,惠利更多的人。我曾经发誓再也不做配件,要做就做产品,这样才有主动权。可隔行如隔山,还不如老老实实在老产业上进行创新,在同一条线上再开发新的产品。走出这一步很难,不走出去只有死路一条,这个改变的过程定会很痛苦,在前进的道路上必须经历磨难才能见到曙光。成与败、得与失,无怨无悔地为之努力奋斗,坦然面对往后余生!

（2019年1月8日,日精进第2291天）

◉洞见:这几年的金融危机,不一定是坏事,让大家明白了风险无处不在。创业的心态,也随着外界的变化而转变。不要好高骛远,而要一步一个脚印,稳打稳扎地把实业做好,把客户服务好,才是企业的根。根好,叶才能长好。

文字是最宝贵的财富

颜润棋

我只有初中文化,年少时因家庭条件所限,没能够继续深造是我内心挥之不去的遗憾。在社会这所"大学"中摸爬滚打20余年后,我有了自己的事业。在这一过程中,我越发感到学习的重要性。"知识就是力量"不是一句口号,是真真正正的生产力。凭着自己的一股韧劲,我不断地学习,并结合自己的企业发展落地,通过学习,企业发生了翻天覆地的变化。更让我没有想到的是,通过每天书写"日精进",我成了别人眼中的"土文化"人。

前几天在总部中心偶遇一位市领导,当朋友把我介绍给市领导的时候,我看到茶桌边有一本《精进人的答卷》。朋友自豪地对市领导说:"秀丽是永康市精进文化协会的会长,这本书是他们协会出的。"当市领导接过书,看到永康市精进文化协会有这么多会员,不由得赞叹。当看到感兴趣的标题翻至相应的页码,仔细品读后,他语重心长地对我说:"这本书太有价值了,里面的作者有许多是我认识的。你们协会了不得,文字是最宝贵的财富,一个民间社会组织要整理出这么多文字,太不容易了!"

听到这里我一扫不悦的心情,原本来朋友处小坐是因为内心烦闷,家事、公事、协会事,事事都感到不顺。没想到偶遇他人,得到他人诚挚的肯定,让我原本承受的委屈一下子变成了幸福的泪水。

文字是最宝贵的财富,可有多少人能读懂这其中的奥妙。这一生我们赤条条来,又赤条条去,所有曾经追求的功名利禄,所有曾经的妄想执念,总有一天都会化为乌有。只有最高的精神文化才能传承,如孔子、老子的精神历经几千年还熠熠生辉。

(2019年1月19日,日精进第2302天)

◎洞见:今天的文字就是昨天的历史。用文字记录当下,泽被后人,是精进人的意愿。世界上没有一个民族的文化传承比我们的更悠久。无论前途如何艰险,先辈们总是负重前行;无论生活有多么安逸,先贤们总是让"生于忧患、死于安乐"的警钟长鸣;儒家告诉我们要"仁而爱人",要"修身、齐家、治国、平天下";墨家告诫我们要"摩顶放踵,以利万民";道家说"上善若水,水利万物而不争"……这些伟大的思想,已经融进了中华民族的意识形态,代代传承,历久弥新。

奋斗需要过程

王美强

　　我与很多白手起家的创业者一样,开公司之初也是从基层做起,自己是CEO、设计师、施工员、预算员、业务员、搬运工,总之什么都干。我来到永康进入了家装行业,创建了鸿泰装饰,一干就是15年。

　　创业的第4个年头,是创业生涯中最困难的一段时光,也是最历练自己的阶段。我以前在学校里当过学生会的干部,各方面表现不错,觉得自己还是有些能力的。我满怀信心和抱负,期望能大干一场,但是一毕业进入社会,才发现现实和理想有很大的差距。虽然也经历过失落,甚至也迷茫过,但最后都坚持了下来,调整自己的心态,放低自己的姿态,努力去改变,同时吸收兄弟单位的经验,向前辈们取经,适当的时候强迫自己走出去充电。非常感谢家人、兄弟、亲朋好友、鸿泰家人,那些年在基层一线,经历过很多,碰过钉子、住过地下室,很辛苦但也磨砺了自己,那也是我前进道路上最宝贵的财富。

　　15年来,我始终记着一位贵人送我的一句真言:"将诚信坚持到底。"在众多贵人的帮助和支持下,作为永康市集设计、施工、整装服务为一体的装饰公司,我们正在进一步扩大及健全服务体系,努力减少遗憾,降低失误,为更多的家庭提供更好的服务,全力以赴为大家打造温馨、环保、幸福的家!

　　同时我也想给刚刚毕业的年轻人提一个建议,作为过来人不希望他们找一份安逸的工作,因为太安逸的环境对于个人的成长反而是不利的。只有生长在悬崖峭壁的花草才能经得起风霜,才能像松一样经得起考验,挺得直。我们应该找一些能锻炼自己、磨砺自己、学到东西的工作来做。

（2019年1月10日,日精进第1802天）

◎洞见：制订奋斗目标，按部就班，一点一滴，踏实地去完成，然后根据实际情况对目标做出相应调整，做到坚持坚持再坚持，直到看见曙光。同时用心地去学习、完善自身的知识结构，只要比同行更用心、更真诚、更努力、更感恩，用忠诚的心服务客户，客户更认可了，创业的道路也就通畅了。

军人的品格

丁泽林

今年,在北京召开的全国退役军人工作会议上,401名"全国模范退役军人"受到表彰,我非常荣幸地成了其中一个,也是丽水市唯一获此殊荣的退役军人。

1980年,我入伍北京空军后勤部队。2000年,创办浙江晨龙锯床股份有限公司。2019年,我被授予"浙江省劳动模范"荣誉称号。从一个打铁匠到军人,从企业职工到下海商人,从普通民营企业家到锯床行业领军者,这让我看到了人生的多种可能。

我18岁参军,参军前我是一铁匠师傅,参军4年后便退伍回家,然后就是多次转行,不管是橡胶厂销售员还是自己创办拉链公司,我都做得有声有色。我想这是部队生活赋予我的能力,一种不畏艰难的意志和敢闯敢拼的斗志,这种雷厉风行、吃苦耐劳,以及一切行动听指挥的精神,确确实实根植到了我的内心,融入我的血液里。当兵的这4年,培养了我,锻炼了我,为我创业成功打下了扎实的基础。

在回乡创办晨龙锯床股份有限公司后,我深知企业发展离不开人才。因此,将人才的培养作为公司的头等大事,就像老兵照顾新兵一样,我尽全力去帮助解决工人们工作生活中的困难。很多员工对我说:丁总您平时对我们的要求就像跟部队一样,太严格了,说一就是一,说二就是二。

如今,晨龙锯床股份有限公司有管理、生产、技术、营销等人才500多名,拥有省级研发中心和40多项自主知识产权,80多个营销机构遍布全国。从默默无闻的小企业华丽变身为中国锯床行业的领军者,对于未来,我更是信心满满。

（2019年1月7日,日精进第100天）

◉ 洞见:相信用8到10年的时间,我们的团队一起努力,晨龙锯床股份有限公司必将成同领域全球前四强。

幸福是什么

胡　悦

自习总书记提出"幸福是奋斗出来的"以来,幸福就有了全新的定义。幸福不仅仅是物质有了满足,精神有所寄托,它更是一种坚定的信念,同时要为之付诸行动。

改革开放40年来,祖国发生了巨大的变化,人民的生活也发生了翻天覆地的变化。从解决温饱问题到人人都过上小康生活,我们是见证者,更是受益者!

从1993年我下海经商开起夫妻店,到现在办成有一定规模的企业,我经历的过程尤为深刻。当时身为官二代,衣食无忧的我也在这浪潮中下了海,还淘回了人生中的第一桶金!经过了多年的打拼,资产有了一定的积累,夫妻店的营业面积也从20多个平方米扩到如今的五六千平方米,当初的夫妻店如今已是有几百号员工的企业,营业额也年年增长,直至突破3亿元。

这当中有汗水也有泪水。创业初期年幼的女儿刚上幼儿园,正是需要母爱的时候,为了刚刚起步的事业,我忍痛将她送往江西景德镇小姨所在的幼儿园。女儿在列车上哭着对我大喊:"妈妈,火车要开了,你快回去吧,我会听话的。"同车厢的乘客看到此情此景都感动得哭了,纷纷赞叹:"这个小女孩真懂事。"为了能让她有很好的教育与美好的未来,我还是转身离开,头也不回地下了列车。

随着老百姓生活水平的不断提高,市场的需求量也越来越大。每年到节假日期间,工厂的生意火爆,我也会冲到第一线参与销售,加班到晚上12点成了常态,腰椎也落下病根。记得有一年腰痛得直不起来,我还硬是坐着把最后一位顾客送走。下班时爱人说背我回家,可我怕被别人说要钱不要命,就自己弓着腰靠着墙一步步地挪动,坚持着爬上了五楼。以前几分钟就能走到家,那晚足足用了半小时,到家时汗水已湿透了衣服。

这26年来,我们也从一个小规模纳税人逐渐成为"纳税二百强企业",从一个起初为求自己过上小康生活而奋斗的人,成为一个为了更多的人能过上美好生活而担起一份社会责任的企业家。我时常问自己在知天命的年龄为什么还要这么拼,幸福到底是什么。背后不时有一个声音告诉自己,员工的幸福有我的一份责任!

（2019年1月9日,日精进第1594天）

◎洞见:我终于明白了,不管当初我们为了什么而奋斗,幸福也是我们经历风雨后所看到的彩虹。"幸福是奋斗出来的",这中间肯定会经历一些痛苦,但痛苦终会化作甘甜的果实!

奋斗路 幸福路

吴笑秋

我是一个有梦想的普通人。

1999年，我和我的先生同在一家企业打工，经常入不敷出，生活过得很拮据，自己穿的都是地摊货，女儿穿的衣服都是亲戚家小孩穿过不要的。更让我难过的是，女儿嚷嚷着要学钢琴，我们因为买不起，只能在木头桌子上画上钢琴键盘，让女儿练习抬指和放松。

这种情况下，我心中萌发了一个念头，我要改变自己，我要离职，我要去外面闯一闯。作为女人，作为家庭中的一分子，有责任、有义务为家庭付出，改变家庭的命运，让孩子和家人过上好的生活。

1999年6月，我加盟到了保险行业。来到公司以后，所有的一切都让我眼前一亮，精神风貌顿时焕然一新。一是公司的"成己为人，成人达己"的双成文化给我指明了方向，诠释着只有自己不断成长，才能帮助别人；帮助了别人，也是成就自己。二是不封顶的薪酬体系让我怦然心动，"十万年薪不是梦"的标语，我立志要让它成为现实。三是公平、公开、公正的晋升渠道阶梯图深深地吸引着我，让我看到了希望。业务员可以走"业务员—业务主任—业务经理—高级业务经理"的成长道路。走上管理线后，也可以沿着"业务主任—组经理—处总监—区域总监—高级区域总监"逐步擢升。路线清晰，一目了然，让人看了兴奋不已。四是公司分层级的培训体系非常贴心，"新人班—起航班—准主管培训班—主管晋级培训班—高阶主管培训班"各级培训感召着我。五是公司领导和团队伙伴的热情，整齐的着装，整洁的工作环境，让我备感温暖。……看到这一切的一切，我暗暗地下决心，一定要成为一个专业的有温度的保险代理人。

转眼20年过去了，我一路努力，一路拼搏，一路收获，一路成长，一路憧憬，一路希望……早已实现了十万年薪、十万月薪、百万年薪。我也从当初上台瑟瑟发抖、说话都不利索的人，褪变为中国人寿浙江省分公司的省级优秀讲师。2018年，我成立了自己的"阳光分部"团队，在团队中充当优秀的职场经理。从以前的0纳税成了年纳税60万元的光荣纳税人,女儿也留学完成了学业,成了一名优秀的人民教师。同时,家人从当初租房,到现在拥有整幢楼房,居住环境得到大大改善。

（2019年1月10日,日精进第1481天）

◉洞见:作为社会人和中国公民,也要为社会尽微薄之力。如今自己个人年纳税百万、团队年纳税千万的梦想应运而生。自己在寿险行业从事20载,积累了一些经验,有能力帮助更多有想法、有梦想、有追求、想改变自己的追梦人。

致奋斗中的自己

张 芬

所有的成功都来自努力奋斗！人生的很大一部分时间里,你能依靠的只有你自己。你若不努力,没人替你拼搏;你若不奋斗,没人替你成功。

小学时,我是班级的后进生,校长认定我不是块读书的料。被老师瞧不起的学习生活是我内心的一道阴影。初中,为了成为学校的优等生,我哭过,抱怨过,但是每一次我都会抬头望望天空,把眼角的泪水擦干。暑假里我拼命地复习,做习题,就是希望让所有不看好我的人有朝一日能对我刮目相看。

中考我没有考上理想的高中,选择了读中专。那个时候,我有一个梦想,希望成为一名尖子生,在学校能受到老师的肯定,进入优秀的实习单位,获得同学们羡慕的目光。于是我学会了奋斗。机会正向我走来,我抓住了中专生考大学的机会,顺利考上大学,学了商贸英语专业。

大学毕业后,我又萌生了拥有自己一家公司的梦想。为了自己的梦想,我开始拼搏,开始创业。通过奋斗,如今我拥有了自己的公司。回忆8年前的自己,拼命工作,根本不分白天还是黑夜。我很多时候只睡4个小时。暑去冬来,春华秋实,努力没有白费。公司在自己的努力下慢慢由小变大,当初自己的小梦想变成了一种大的使命与责任。我将带着这份使命与责任继续前行,去创造属于我的一个又一个精彩与辉煌。

（2019年1月6日,日精进第416天）

🔘洞见:我们生活一天,就得奋斗一天。生活一秒钟,就得奋斗一秒钟,所有的成功都来自努力奋斗。加油,送给每天奋斗中的我们!

十　年

徐震宇

2018年已经过去,转眼大学毕业10年多了。这也意味着我在暖通行业已经默默耕耘了10个年头。

常说十年磨一剑。如今回头望望一路走来的奋斗之路,记忆最深的还是当初那第一份工作。

2008年,大学刚毕业的我在长虹集团的一家子公司找到了工作,在江西市场新余地区做长虹太阳能的招商开发。因为家里一直在从事这个行业,我从13岁就开始在寒暑假跟随父亲去安装太阳能,所以对于这门技术我是非常在行的。我欠缺的是最关键的业务能力。

我清楚记得,到新余的第一天,在火车站附近找了一间不足6平方米的房间,只要15元一天。一张单人床前面放了台很旧的电视机,床一边靠墙,一边是仅一米宽的过道,过道上有一张桌子,万幸过道旁还有个窗户,采光还是好的。简单收拾后,我背上一个业务包,正式开始跑业务。走在新余的街上,看着一家家店铺,忽然不知从何做起。那个下午,我在街上走了4个小时,愣是没有进过一家店。

我当时有些口吃,因为自卑,不知道见到了那些店铺老板该怎么介绍自己,该怎么介绍产品,关键是担心,如果我在介绍的时候结巴了怎么办。回到旅馆,拿起本子反复练习每一句话,反复看那本产品手册,在脑海中假设了许多场景,以及每一种场景的应对方式。第二天再次出门,去了前一晚计划好的那家店,站在店门口却还在练习那几句话。最后还是那家店老板看我像是个跑业务的,主动出来问我,才开始拜访第一个客户。当然,以当时的那种状态,拜访的结果自然是失败的,不过却为我后面开了一个好头。在新余兜兜转转近10天,靠两条腿走遍了大街小巷,拜访近百家店铺。

命运弄人,在筛选几家有意向的客户之际,我忽然被朋友告知,一位高中挚友因重病去世,于是当天就放弃了手头所有工作,搭火车赶回永康。唯一的一段打工史,没有拿到一分工资,没有做出领导要的成绩就宣告结束。唯一的收获是做业务说出开门三句话的勇气和经历。

2009年初,我写下人生第一张借条,向一位叔叔借了8万元(无息),开出了自己第一个空气能净水门店,买了第一辆面包车。我给车体打上广告,从开始的一个月一两单到几天一单。后来,我花了3个月走遍永康大小乡镇的河流、水库,去检测水质,了解了水知识,在一次次接待客户中,练出了口才,熟悉了对客户的心理把控,从一个原先说十个字都可以口吃一分多钟的自卑男孩,到可以给客户连续上两个小时课的销售人才。

很快,从2010年开始,我迎来了一波产品的红利期,在龙域天城小区完成了300多单的销售成绩,然后一个个项目做过来,一个个楼盘做过来,宇恒暖通也从当时的一家销售额不足30万元的小店,做到了如今销售额过千万的不错成绩。

(2019年1月9日,日精进第72天)

◎ 洞见:回首过往10年,是努力奋斗的10年,是坚定成长的10年。展望未来10年,是充满希望的10年,是厚积薄发的10年。

新店面,新高度,新目标,新征程!

活出人生的精彩,奋斗永远是主旋律!

思路决定未来

单泽喜

2018年已经离我们远去了。回首2018年，我们经历了不平凡的一年，环保检查，销售量下降，竞争加剧，费用增加，全球经济发展放缓，实体制造企业的压力越来越大！

我创办的群喜门业有限公司，已经成立11年了，从无到有，从小到大，把室内门一个品类做到全国行业的前10名。企业参与国家标准的制订，取得多项国家专利。企业一直注重品牌的推广和建设，拥有金华市著名商标，全国有几百家代理服务商。就是在这种情况下，我也感受到了前所未有的压力！

思路决定一切，信心比黄金更重要！制造业是一个国家的重要基础，安排就业，为国家缴税。实业强，则国家强。在经济最困难的时候，习主席多次发表重要讲话："民营企业和民营企业家是我们自己人。"习主席给我们民营企业吃了一颗定心丸，再加上国家重视民营企业，给予很多优惠政策，可以说民营经济的春天来了。我们还有什么理由做不好呢？坚持就是胜利！

（2019年1月9日，日精进第1153天）

◎洞见：做好自己的企业，养活公司员工，多缴税，也是爱国的表现！

奋斗着 快乐着

朱巽含

人生真的是个奇妙的旅程。自己从事的汽车维修行业与年少的梦想，完全不搭边，可我却在这个行业踏踏实实地干了10多年。作为一个修车人，我热爱这份职业！

2002年的夏天，突然厌倦了单位朝九晚五的生活，决定辞职，家里人都不理解，我却一意孤行。当时老公本是一名汽车油漆技师，我们商量后决定自己创业，办汽车维修厂成了创业的首选。

万事开头难。由于我们夫妻俩都是外地人，对永康不熟，很多在别人看来很简单的事，对我们来说却很难。幸运的是，有贵人相助，修理厂总算开张了。凭着老公过硬的汽车油漆技术，客户越来越多，生意也渐渐好起来。

对于这个行业我完全是个外行，当时连什么车型都搞不懂，只好努力去跟师傅学。师傅修车我就看，不懂就问，为了弄清楚配件的安装部位，有时钻到车底下去看。作为一个女人，不怕脏，不怕累，就凭着自己这不服输的性格，倒也渐渐上了手。现在回想那些日子，还是很开心的！

公司这么多年运行下来，遇到的困难挺多，比如人员、技术、服务……但我们一直跟着学习、调整、改变。为了更好地服务客户，一直在努力进步。

（2019年1月7日，日精进第372天）

🔖洞见：我的想法也很简单，当初选择了这个行业，就认认真真地做，能帮客户解决车子的问题，顺便还能同客户谈笑风生，也是件挺开心的事。

奋　斗

蒋心海

奋斗的过程总似潮起潮落,奋斗的过程常有悲欢离合。奋斗有慷慨激昂,奋斗也有意气风发……

人生的各个时段都有不同的任务或责任,要想圆满完成任务,需要自己全力奋斗……

奋和愤:常听人讲"当年时代太穷,所以要出来闯闯""当年被逼的,所以愤然而起""当年不信邪,所以愤愤不平"……

奋和氛:常听人讲"我是和同学一起出来打拼的""我是和亲戚、老乡一起干的""我看大家都这么埋头苦干,所以我也跟着上了"……

记得我8岁上学,当时搞不懂为什么要学习,为什么要考试,讨厌学习的另一个原因是听不懂、记不住,受罚后更讨厌学习,有时还会逃课。希望之光的出现是因为一位新老师的一句鼓励:"我看你很聪明。"我心里想:真的吗? 我接受这份肯定,我也这么认为,毕竟我抓螃蟹的水平是很高的。从此,我特别喜欢听这位新老师的课,学习成绩提升很快。有了这份喜悦和自信,其他课程的成绩也上来了。就这样,初中一年级我得了奖学金和一把热水壶,这把热水壶用了31年,现在家里还在用。奋斗的心因为鼓励和肯定而生。

后来,我以优异的成绩考上中专,等3年之后毕业了国家包工作分配,全家人很高兴,我也成了村里、乡里的小名人。一时的稳定安逸让我的脑子突然变傻了、短路了,淹没在上万学生的校园中,失去了方向。或许是在等待3年后的包分配,或许是我不喜欢这个专业,或许是自己根本没有人生规划。毕业了,别的同学回家上班了,我却糊里糊涂地混着日子。于是决定继续读书吧,等到想工作的时候再找工作。

不过,这次不一样,我去了想去的地方读书,因为能让自己兴奋最重要。我到了北京,村里人都说我在"北京大学"读书。是的,除了北大,我还去清华、人大、北师大、北航等学府学习,几乎每天4:30起床,提前一年大学毕业,每年都拿一等奖学金,大学二年级就入了党……

（2019年1月17日,日精进第220天）

⚜ 洞见:当心动和行动一致时,当喜悦和奋斗相伴时,当发现我可以变得更好时,我的人生从此与众不同……

我的前半生

程英姿

1976年,中国发生了几件大事。常听老辈人说,那年天寒地冻,倒下的水都会立马结冰。我就出生在那年,也有了十二生肖中大家都没见过实物的属相:龙!

我的父亲是一名教师,那个年代在我们那个山沟沟里,父亲算是有文化的人了。父亲练得一手好字,每逢过年,家家户户忙里忙外,准备年货,村里人就会拿上红纸叫我父亲帮忙写对联。父亲总是嘴里哼着小曲,手里拿着剪刀,裁纸、折印、磨墨、书写、晾干,一气呵成,他经常满足地沉浸在对联里。我总喜欢在父亲的身边听他指挥,拿这拿那,看着他写着横竖撇捺。母亲忙着做豆腐、包粽子、蒸年糕等很多事,忙不过来就会生气地嚷上几句,有人拿来红纸时,又会微笑着说:"没事没事,叫他等一下帮你写,今天来不及的话,明后天再拿,或叫我家阿囡帮你带去。"

从我有记忆起,父亲就担任校长一职,我也在他身边念完初中。记得当时父亲忙于学校的工作,工资微薄,虽然吃穿不用怎么愁,但也过得清苦。平时家里诸多农活靠勤劳朴实的母亲扛着,每逢周末,因为在家时间少,全家总动员,忙得一刻不得闲,急急忙忙把农活完成,再由父亲带着我们几个回校,余下的由母亲完成。

我十几岁时,父母造了一幢房子,生活变得拮据。好多年里,没有其他收入的他们就从村里人家租了很多田,种谷子赚钱还账。地里长的,山上生的,家里养的,统统都会拿到集市去交易,以少积多,偿还债务。我们兄妹总是帮着父母干家务,做农活,忙也忙不完。虽然我家不会像其他人家一样总穿兄长的衣服,可初三时,我清楚地记得我穿着哥哥的那件小格子、黑纽扣的灰色中山装,再搭配舅妈给的蓝色运动裤,走在校园中,几个调皮的男同学看着我的滑稽搭配,使劲调侃我。我害羞,当时恨不得有个地洞钻进去,从此再也不肯穿了。

1992年,因相差几分而无缘上高中的我,在母亲的安排下,到一个亲戚家学车床。我一闻到那白色液体就想吐，又不想违背母亲的意愿。直到有一天，父亲突然叫我去读书，我好生纳闷。原来是因为农转非的政策，父亲想把我转成居民户口，条件必须是在校学生，所以我又在市里的职高混了几年，也认识了我的丈夫——曹先生。毕业后我们正式谈恋爱，也开始规划两个人的小家。我们开过小店，做过铝合金门窗，卖过衣服，折腾来折腾去，手上有了几万元钱。

第一次创业，我把全世界的人都当成好人，结果被朋友骗。我没还一分价，花了七八万从朋友那里转了间音像店，当时连放了几年没人要的磁带都按成本价盘来。后来才知道朋友是因为风声紧才转让音像店的，一点不了解行情的我迷迷糊糊把人生第一笔积蓄弄没了，悲愤的我抱着先生哭了两个晚上。

2003年，我去了上海和江苏，做办公设备，在那里待了两三年后，在当地买了一套房子。2008年，一次偶然的机会，与一个老乡一起租下村里的一栋几万平方米的房子，开了一间800平方米的超市，其他门面拿来出租。我们甚至借了高利贷来做这件事情，一个朋友当时就说我："程英姿你真够大胆的。"好在开张大吉，生意红火，懊恼的是开张没多少时日，恰逢金融危机，方圆十里的工厂很多都关了门。一些开在厂边上的超市都血本无归，我们的营业额一落千丈，门面也有许多租不出去。好在辛苦挨了半年多，经济日益复苏，我们的营业额也开始回升，加上自己的老本行，也有了些积蓄。

人的一生总在折腾中度过。2012年，我想着儿子在外面读书，认识的都是外地人，以后回永康不认识几个人，双方父母也年龄大了，我们终究是要回老家的。2013年，我们回到永康。我生完女儿10天左右，先生要好的兄弟在我们竭尽所能帮助他的时候，却瞒着我们玩起了跑路。我们所有的积蓄和房产，以及朋友的一些钱，一夜间蒸发，数额实在太大，牵扯面实在太广，想瞒着我的先生已经行不通，可怜原本正坐月子的我带着虚弱的身体坚强地和先生处理了遗留问题，这次被骗真是刻骨铭心。

机会总是给敢闯敢拼的人准备的。2015年我们遇到了沸达洲集团，和几个伙伴一起风风雨雨走过了四五个年头，凭着我们一贯诚信做人、诚心做事的风格，如今我们公司取得了一个个傲人的成绩，将来也必然绽放光芒！

（2019年1月10日，日精进第353天）

◎洞见：人生总在折腾中度过，不管逆境顺境，我们都要学会接纳和转化，乐观向上。只要努力，只要坚持，没有过不去的坎！感恩命运的跌宕起伏，让我越挫越勇，感恩一直支持和帮助我的家人、朋友，让我的前半生充满色彩！

我是小四，事事如意

陈小四

我是父母的第四个女儿，所以名字就叫小四。因为家里孩子太多了，我从小和姥姥一起生活。姥姥家那边只有几户人家，周围都是田地，我也没有什么玩伴。所以，我从小胆子就特别小，经常半夜被吓醒后大哭，姥姥就把我抱在怀里哄。没有玩伴的童年是孤单无聊的，也没有什么美好的回忆。

到了上小学的年纪，回了自己的家。在家里，有干不完的农活，还要放牛、割草。我们家有20亩地，事情很多，父母、姐姐们干活也很辛苦。由于我们家是外地过来的，我弟弟年龄又小，所以，经常被欺负！那时候，父母忍受了一次又一次不公平的待遇。可是，现在，欺负我们的人很多都过世了，我父母反而过得很好，往事也就随风而去。所以，现在我被别人欺负的时候，会咬紧牙关，相信一切总会好的，会越来越好的。

我一直是姐妹里学习成绩最好的那一个，是父母的骄傲。后来由于叛逆，竟然不愿意好好读书了，考了个普通的学校，学了并不喜欢的财务专业。毕业后，我没有脸面对父母，收拾行囊去温州追梦了。

在温州的第一份工作，就是在茶艺馆上班，做了茶艺师，这是自己喜欢的工作。我非常开心地工作了好多年，也曾想自己开一家茶店，可惜始终没有胆量。

后来，进入温州华侨饭店工作，从事了酒店行业，再后来被公司调到了永康明珠酒店。其间，我开一个茶楼的梦想却始终没变。于是，从明珠酒店出来之后，我就开始了创业。

虽然工作了好多年，但我是月光族，没什么钱。借了十几万，和另一个人合作的小茶楼就开业啦！是自己所爱的工作，所以，万分付出，一心一意地工作。可是，理想总是被现实活生生地打败。

生意很差，我也没有什么朋友，合伙人也没有朋友，一天天都在亏。合伙人要退出，让我把投资的钱还给他。店都是亏损的，我还一直借钱往里投资，哪里有钱给他？

于是,人性的丑陋就凸显出来了,发生了很多不好的事情。那段时间,我几乎崩溃。就这样放弃吗?欠的几十万该怎么还?人生的梦想就这样破灭了吗?咬牙坚持下去!后来,店几乎被掏空,朋友拿到了他想要的。尽管我做了很多防备措施,但合伙人还是搬走了很多财物。

我的眼泪都哭干了,举目无亲,无依无靠。人生已经到了最低谷。欠着几十万的债,又要交房租,又要重新拿货,又没有人愿意给我做银行担保。

父母都80岁了,一直生病住院,不能告诉他们我的境况。幸运的是,我靠着保单,在高利息贷了十几万,重新站了起来。后来,陆续有一些朋友借了十几万给我。"四小姐的茶"正式诞生。

被毁谤,被羞辱,被欺负,我都尝过了,也都忍了;被信赖,被帮助,被温暖,我认识了无数好人,无数贵人。

因为我的专业性,对茶的敏锐,对茶道美学的精通,我得到了很多朋友的认可。"四小姐的茶"成了一家网红茶楼。越来越多的高端客户,自己喝茶,找我;送礼,找我;朋友要买茶叶,推荐我。因为我这里大都是一线高端品牌茶,很多茶都是接近批发价卖出去,所以,老客户越来越多。前几年买茶的客人,手里的茶现在都涨了很多,所以,更加信赖我。

不仅爱茶,我对茶器也有着热烈的情怀,我的茶器大都是高端品牌,这也让我收获了很多的高端客户,他们又给我介绍了更多的客人。生意就这样越做越好。

◉洞见:创业是艰辛的,因为会遇到各种各样的困难,难到让你怀疑人生,难到逼迫你放弃理想。创业是美好的,因为会遇见很多美好的人和事,会结下很多美好的缘分,拥有人世间至纯的真情。

感恩帮助过我的朋友们!感恩信赖我的朋友们!他们是我人世间的明灯,温暖并照耀着我!

成长经历

徐国安

在大学期间,我有很大的梦想。因为家在农村,那时的生活条件大家都差不多,总想着长大以后要干一番事业。为了体现自己的价值,在校期间我就勤工俭学,假期到社会上找工作。

第一次面试,老总是个上海人,他问我:"你对销售有什么想法,别人为什么买你的东西?"记得很清楚,我回复说:"我把我自己卖给客户,只要客户接受我这个人,就会接受我所卖的产品。"这是我从书上学的一点理念。结果老总就把我录取了,并允许兼职干。我告诉老总,最好是让客户给产品做宣传,这叫活广告。而我就这么干的,结果很出人意料。业绩常年在公司排名前三,收入也很可观。在这家公司做业务的过程中体验到人的生命很可贵,也很脆弱,一生很短暂。因为我接触的上千位客户都是得了绝症的病人,他们活一辈子看透了人世间的亲情和友情。人与人之间的关系,换成谁都会有些感慨。那时我对社会上的一些事情看得很淡,还是身体健康最重要。所以我就一直坚持锻炼身体,跑步坚持了十几年。这样可以为做事业打下基础,那时就是这么想的。

毕业以后,大学同学邀请我一起干一番事业。他是温州人,家里有个工厂,我就到他家玩了一圈。他大哥在厂里管经营,把产品配套给一汽。我决定把这家工厂当成我正式工作的第一站。2000年,我到了温州,在公司里一干就是3年,这让我掌握了技术,学会了企业管理,也把所学习的专业知识用于实践。一开始跟一汽合作时总会出问题,我在不断研究产品的过程中,把很多质量问题解决了。后来公司也培养我为ISO质量管理体系的管理者代表。这也是主机厂的要求。后来,还有美国QS 9000的标准、德国的VDA标准。这让我从技术员到管理岗位上来,成为公司的高管,从而对管理公司的运营有全面的认识。我爱学习,人勤快,能和同事们打成一片,有问题大家不管多晚都要一起解决。我同学也很能干,公司在主机厂有了很好的信誉,业务量不断突破,产值也涨了好几倍。我当时就没有想太多,把事做好就好了。我认为学会的技术是自己的,别人拿不走,在利益上有约定就没有太多的想法。本来说好到第三年可以按公司的利润比例分红利给我们高层,结果几年都没有红包,到了2004年初还没有兑现,我就很失落了。平时就是拿工资,也没有多少积蓄,大家心里都想着每人有几十万的红利可分,可最后落空了,我们就不去上班了。

离开了公司,我想自己办厂,但又没有资金和客户,也办不成。2004年春节过后,一个宁波的老板打电话找我,让我到宁波玩,他话里有话。老总做出口汽配生意,一年有几千万的贸易额,在宁波市中心花1000多万买下了一层办公楼。他比我大不了几岁,就有如此的成就,太了不起了,我顿时产生了敬佩感。老总跟我谈了很多他的故事和想法,在业务上进行了沟通。他说很欣赏我的为人和处事,而且又有想法,希望能合作。我提出,合作可以,一要有期限,二要给我年薪,不要股份。最后达成合作3年的协议,拿年薪制,每月发一部分,年终再发奖金。我开发了100多个产品型号,合作时间到期了,就在宁波买了第一套房,之后就开始想要自己创业了。

2008年,我回永康。一开始和大舅哥一起搞家具做沙发。大舅哥到处找客源,参加广州、上海的家具展会,与外国采购商谈判。因为家具行业市场很大,在这个行业有机会做大,不像家电行业已经洗完牌了。所以奔着做大而去做了家具这行。在永康用一年的时间磨炼了一批工人和管理人员。客户需要加订单量,由于我们的场地太小没有办法做大订单,最后决定搬到金华做。就这样全部搬到政府的孵化基地,开始都是标准厂房,一共租用了4万多平方米。在金华用了2年的时间,企业发展得挺好,成长速度也很快,成为出口过千万美元的规模企业,开始规划建自己的厂房了。2011年拿到了土地,第二年就把厂房建好了。虽然产值过亿,但是我们没有产品的定价权。

2013年,我们开始改进商业模式,涉足电子商务。有想法去实施,就需要人力和财力,从客户端发力和厂家发生直接的关系。我提出把C端做到F端,线上和线下互通,采用O2O模式,交了不少的学费。我们认识到,提前把客户的需求锁定是所有商家想完成的事,体量大了就必须得有和谐的政商关系。通过几年在互联网行业的探索和实践,我也明白了一些道理。

(2019年1月17日,日精进第2206天)

◎洞见：在2013年前，O2O这种模式还是比较超前的，经营企业就是经营人的观念转变，我们的实践在家具业行业产生较大影响。但创新有很多不确定性。比如企业的融资难问题，产业链、供应链的融合问题。未来，共享和分享经济的趋势就是智能化、大数据、云计算、区块链的运用。对此，企业现在做些前沿的科技和影响未来的趋势行业，从创市、创事、创势，最终到待势。只有用自己的最大优势和别人合作，才是成功的保障。

致奋斗中的自己

楼俊杰

从一个20岁青涩的男生到现在已是两个孩子的父亲,不得不感叹时光如梭,人生何其短暂。这10年收获了很多,成长了很多,遇见了很多人,也交了很多朋友。这10年,我已经褪去当年的青涩,成为一个能独立自处、小有作为的男人。静下心总结,可以用迷茫、充实、辛劳、转折、奋斗、展望这几个词概括10年精彩的人生历程。

迷茫:20岁学校毕业初入社会,因为在校时对学习不感兴趣,没有把专业学好,找工作时总是不顺利,迷茫到不知道自身到底喜欢什么,合适做什么,哪怕我内心有再大的抱负,也担心没有扎实的专业基础。

充实:机缘巧合下,我进入浙江著名的奶业连锁品牌,在这里我遇到了一批始终保持着联系的朋友,还有我人生的另一半。从刚入行的毫无经验到升迁为公司区域高管,从初出茅庐到有一定的专业管理知识,我感到生命里从未有过的充实,逼迫自己每天进步一点,付出超过身边同事的努力,最终收获成长。

辛劳:从初入行业至后来加盟新企业,一路历程相当艰辛,做好这一行必须吃更多的苦,具备坚守的精神。一天睡眠最少只有3个小时,逢年过节人员紧缺时必然坚守岗位,冒着雨雪搬运物料等种种经历,仿佛发生在昨天。因为工作,我也未曾好好照顾自己的身体,所以到现在落下了病根。

转折:机会总是给有准备的人。2013年的冬天,我加入现在我投身的大家庭,工作上出现了重大的转折。有幸结交认识像大哥般温暖的老总,我成了新事业的合伙人,并实现了依靠学习的能力、经验经营一家属于自己门店的梦想。

奋斗:经营上夜以继日地付出,加上一天到晚不停动脑思考和不断创新,一年下来,门店经营开始慢慢有了起色,且取得了很不错的经营业绩,也改变了我的生活。一直到现在,我还奋斗在经营的路上,不断学习,不断进步。

展望:经营最怕取得一定的成就后沾沾自喜,停止学习,然后开始放松和自满,这也使经营上容易出现问题。一旦出现问题,之前经营的所有成果都将无法长久维持,在商业竞争的市场环境中止步不前,竞争对手将随时超越我们,所以常用"六项精进"提醒自己反省。年轻人需心怀大志,勇敢地去追求梦想。

◎洞见:只有心怀感恩、谦逊之心,才能让人生道路更加顺畅。我深信被世人称为"经营之圣"的稻盛老先生的因果法则,我们的生命、所有经历都是由因果法则而来,深信因果、深明因果。只有常怀感恩之心,我才能净化内心的灵魂。至今对身边所有的人,由衷地感恩,并不断自我反省,才能发现更多的美好!

书 迷

施安民

看书，一直都是我的爱好。从记事起就喜欢看书，最早是百看不厌的连环画，后来是四大名著及《封神榜》《三侠五义》等，只要借到书，吃饭时看，烧饭时借着炉膛的火光看，为此少不了挨老娘的骂。还好因为学习成绩不错，不会轻易挨打。到了初中、高中，上课偷看小说是常有的事，记忆犹新的是，高中时唯一一次干架就是为了看《武林外传》，对同桌"耿耿于怀"了很久。

大学对于农村出身的我来说，就像进入了知识的海洋。因为家里穷自然买不起书，以前都是向同学借，大学的图书馆环境好，书又多，有空基本上就泡图书馆。进大学时成绩一般，后来每次考试前几天，总有同学来套近乎，希望坐到我身边，目的是"偷看"我的答案！一分付出就有一分回报。大学期间在期刊上还发表了几篇论文，得了几次奖学金。只是因为不谙世事或受大环境影响，错过了留校的机会。

走上工作岗位后，我对书的痴迷依然不改，每周总要去新华书店或书刊报摊转转。有了孩子后，看书买书的好习惯自然沿袭下来。让我自豪而有意义的习惯是每逢出差，只要有时间，新华书店是必去的景点，买一本有当地特色的历史类书是"到此一游"的纪念。现在偶有翻看，出差情景依然能浮现在脑海里。最让我难忘的是，第一次去上海南京路的上海书城，像刘姥姥进了大观园，看花了眼，真是好大的书店！只可惜那时囊中羞涩，只能买上一两本而已。最精致的当数风靡一时的"席殊书屋"，优雅而清新，每本书都觉得很经典。最烧钱的是在金华工作期间，公司隔壁就是新华书店，因为近，一有空就转到书店，看上喜欢的书就买，买书也上瘾！为此还下了几次狠心"戒买书"，可惜总以失败而告终，这边刚发誓不买了，出了书店又拎了一摞书。再后来有了当当网、卓越网，买书更方便了，去书店也少了，工厂门卫也知道我的快件除了书还是书。

书非借不能读也，说得很经典。买了许多书，真正好好读的并不多，大部分是眼睛一扫而过。更有甚者，居然还没有拆封，还有重复购买的。书多麻烦，每有工作调动或搬家,那可真如"孔夫子搬家——净是书",书又重又占地。

时代总是会给人以惊喜。2015年在微信朋友圈发现了一款读书APP,毫不犹豫付费加入了樊登读书会。据不完全了解,我是金华地区第一人哦。从此我改变了读书的习惯,利用开车、等人的碎片时间轻松地听书阅读,也改掉了乱买书的习惯,听了觉得好再去购买。因为喜欢,所以分享,光一个月似乎就发展了近百名樊登读书会会员。尤其自豪的是,金华分会的会长也是那个时期我发展的会员呢。很快樊登读书会永康分会悄然开张,现在发展良好,已有近2000会员,听书读书已成为一种新时尚。

(2019年1月17日,日精进1585天)

💮 洞见:阅读改变世界,不管怎样我依然会热衷做一个书迷,为全民阅读做一个实践者。

致奋斗中的自己

王新如

对我而言,奋斗的话题很长。我就从20岁前开始分阶段回顾。

第一阶段

我出生在20世纪60年代的贫苦农民家庭,父亲没读过书,父母一生靠劳动收入养家,他们特别勤劳也特别辛苦!记得8岁读小学一年级时,学费是1元8角,到了期中学费还没交上,在村里减免政策的帮助下,我才能继续学业!

小时候,我很自卑又很懂事。记得最深刻的一件事,是在读小学五年级时,我家弄堂里有一群人在玩。

堂婶看到我衣服肩膀上有个洞,就直说:"呀,你的衣服怎么破了?"

她无意中一说,我就默默地走开了,眼睛也湿润了。当时就在想,我不能穷,一定要好好读书走出困境!不能让人嘲笑!

由于兄弟姐妹多,家庭困难,看着父母那么辛苦,很多时候都没底气。

尽管家里条件不好,但是父亲一定要我们好好读书,而我们一有空就会到田里干活!记得读初二的一个星期六,父亲安排我去溪滩拉桑叶秆。平时也拉过手拉双轮车,但是那天得拉过石板桥,去的时候还好,回来的时候车上装着重重的桑叶秆,拉到桥中间时方向失控,连人带车翻滚入溪中,还好夏天桥下没什么水,我手脚扭伤,勉强可以走路,但是车坏了。

我边哭边站起来,幸好,过路人帮我把车抬上沙滩。这个痛让我立下一个誓言:我一定不能在农村做苦力活,否则弄不好连身体都会搞砸!

我定下目标:努力学习走出农村,让自己和父母过上好日子!

第二阶段

我23岁时,从学校毕业!那是迷茫的年纪,不知未来会如何,心总是不安定。但是有一点很清晰,那就是我必须勤奋努力!

正在这个时候,我进了一个公办企业上班,遇到的都是年龄大小不一的同事,最多的是电焊工。我是当时的一名技术员。记得很深刻的是,一次自己骑着自行车,拉着几块模具铁,去机床上淬火,根本顾不上脏和累。

那个年代有固定工作还是不错的,自己始终努力着。刚到工厂,很多东西都不懂,有种一片漆黑见不到光明的感觉,在工厂待了3年,后来就进电动工具行业做了18年。

无聊的工作让自己很多时候想放弃,由于自己心里有梦想,累了坚持,苦了泪水往肚子里咽,慢慢地习惯了工厂的工作。

曾经有一次车间伙伴都在加班,我刚好值班,买了好几个西瓜分给车间伙伴,叫他们干完岗位工作后帮助打包组。由于自己的主动,后来获得外贸部的好评!

第三阶段

40岁正是人生的转折点,爱人离职创业,我还在企业里拼搏着。2002年,我跳槽进入一家有上千名员工的中型企业,由于老员工很多,刚入公司感觉难以融入,折腾了半年后,总想放弃,但是意念支撑着我坚持了下来。先给下属培训学习,让他们有一种温暖,再和身边的同事建立良好的合作关系,最关键的是为企业解决燃眉之急。

记得有一次开例会,销售经理提出一个问题:现在客户提出投诉,谁来解决?当时我是品质部长,对此,我做出承诺,一天内提交处理方案,相关职能部门解决,重大的问题约上相关部门负责人开会决定方案。销售经理带着考验的口气暂时同意。经过一段时间后,他服我了,后来居然说:"您是让我最敬佩的领导。"

在这家企业工作6年后,我离职回到爱人创办的建筑公司,从一个学机械设计的外行走入一个建筑公司,等于重新进入人生的考场。第一年做的是企业转制,从原来的集体企业转为有限公司。经历5个月的多方申请,当工商局下批文的时候,对我而言就是完成一场大考!

第二场考试就是企业升级,从人员资料收集和企业情况资料的汇总到企业业绩的整理,经过无数个日日夜夜,得到了无数人的帮助。

当企业从三级企业升为二级企业的那一刻,觉得自己没有功劳也有苦劳。在持续跟随爱人经营企业的过程中,真正做到了一个企业主应有的责任和担当,只有奋斗才能持久,做企业承载着梦想,承担着一种巨大的成就感!只有奋斗过,才知道内在的辛酸和深远的意义!

(2019年1月4日,日精进572天)

🌸洞见:人生就是一个奋斗的过程,打工是别人帮助自己实现梦想的过程,办企业是帮更多的人实现梦想的过程!

感谢曾经帮助过自己的所有人,因为他们助我一臂之力!感谢曾经所有伤害我的人,因为他们让我更强大!

以最好，致最爱

徐振财

养家糊口是一种本能，大女儿的出生让还是懵懵懂懂的自己突然发现，该为家人做点什么了。在工厂里上班已经无法解决开销的日益增长问题，创业被提上了日程，可能是从小受家人的夸赞，说我做饭还可以，于是，我想开个小饭店。

当时，父母强烈反对，理由是工厂里学的是钳工，不能做外行的事。我希望首次创业得到家人支持，最终还是听从家人建议，借钱买了几台机器，创办了一个小五金加工厂，开始了艰难的创业。那时没有资金，没有关系，有的是吃苦耐劳。看到爱人一手抱着孩子，一手炒菜做饭，让自己更加觉得要努力改变现状，让家人过上更好的生活。那时通宵达旦加班是常态，辛辛苦苦了几年，看到的只是多了几台机器设备和一堆条子，手上的钱却没有多少。

我觉得这样下去不行，开始考虑转行，几年前的念头又冒了出来，跟爱人合计开个开面馆，是因为开饭店都是现金流，而且几块钱的面，顾客也不好意思欠着。于是在1999年11月28日，夫妻俩加上请的一个北方做面师傅、一个帮工，开始了正式的餐饮生涯。过去以为自己在家里做饭，厨艺还可以，正儿八经地接待顾客却不是那么回事。师傅是北方人，不了解本地人口味，第一天开业就碰到很多问题，炒面也不会炒，大排也不会煮，客人都投诉面太难吃了。

一天下来焦头烂额，第二天赶紧想办法。我偷偷跑去同行那里看，简单了解了一些加工方法，回店反复试了几次，感觉好多了。做了一段时间后，却碰到了一件意想不到的事情，还没到腊月，师傅提出要回家过年。我们都不会做面条，刚理清了点头绪，这样一来，不是要命吗？因为师傅回家而停业，损失太大！没办法，跟师傅商量能不能晚点回，师傅坚决要回家，无奈只能让他多留三天，让我们简单学会制作面条后，他再回家。我也是赶鸭子上架般地抓紧时间学习做面条的基本要领，第一天怀着忐忑的心，硬着头皮开始做人生第一次的手工制面。饭点时自己都不知面的口感如何，只是闷头把面条做好端给客人，不敢看顾客反应,终于熬到了晚上打烊。第二天就顺利多了,慢慢地摸到一些门道,越来越熟练地掌起了勺,生意也慢慢好起来。

总结第一年成功的经验,归纳为几点:一是注重形象,我们当初是城里第一家正儿八经取了名字的面馆,并进行了装修;二是注重卫生,无论经营到几点(经常是做到凌晨三四点钟),坚持彻底清洗工作场所;三是真心待客,碰到老顾客总是尽可能地多打些浇头。实诚、干净就是店里传递给消费者的第一印象!

顾客越来越多,现有场地经常人满为患,我们决定找一个更大的经营场所。说干就干,于是就有了如今解放街店的前身,一点点经营,一步步扩建,在不断地升级中,拥有了许多忠诚度很高的老顾客,也慢慢形成口碑。生意再忙,有一点是不变的,坚持自己做人的底线,把最好的东西呈现给消费者!

做了几年后感觉积累了一些资金,也有了一些经验,谋划着准备开分店!有一次来到金华,看到银泰天地正在招商,抱着初生牛犊不怕虎的心态上门去谈了起来,当招商部问要哪个门面的时候,我不假思索地要正大门边上的。招商部的人委婉地告诉我,这个位置是要留给跨国企业的。回家后我开始思考起自己和企业的未来,到底要走向何方。

没过几天,正好胜利街有个门面,就谈了下来,第二分店顺利开了出来。经营一段时间后又冒出了新问题,随着制面师傅的增多,管理出现了问题:面条要筋道必须花力气,可有的师傅为省点力气偷偷减了工序,时常有客人反映面条的质量不稳定。解决产品稳定性变成当时最主要的事情。多方寻找,一次偶然机会打听到日本制面技术非常好,打电话联系上一家有名的企业,走了大半个日本后,第二次的人生触动产生:中华民族传承了4000多年的面条文化,传到日本才200多年,体验后对面条产生了不同看法,日本人对产品的极致追求深深地震撼了我。原先的认知仅停留在面条是一种解决温饱的产品上,却不知面条也可以制作成美食,能带给人们对生活美好的向往。一种民族自尊心油然而生,有生之年我一定要为面条品质的提升做点自己应有的贡献!

(2019年1月11日,日精进第1636天)

◉洞见：随着食品安全问题的日益严峻，顾客对经营者的信任也越来越少，产品质量的重要性越加凸显。我们抱着稳扎稳打的心态，一步步从多店经营往连锁发展。为了让消费者吃得放心，我们把越来越多的绿色、天然、生态、有机食品加入了产品库。19年的餐饮经历让自己越来越感受到有太多不足。只有通过不断学习，努力去解决经营问题，不断地让自己吸收养分，才能更好地去服务消费者，服务团队！

潜心研发,做行业的超越者

丁泽林

我从事智能锯切装备研制工作33年,这么多年的潜心科研,攻克多项高端智能锯切技术难题,取得突出业绩,让我感到欣慰,所有的付出都是值得的。几十年来,我致力于锯切产品智能化的研究,研发的锯带偏移检测传感器、锯带张紧力检测传感器等核心技术,成功地应用在国家重点工程——高铁受电弓碳滑板加工设备工艺中,解决了碳滑板光洁度差、加工量大、浪费大等问题,填补了国内空白,并达到国际领先水平,替代进口,实现了国内带锯床行业、丽水市零的突破。成绩的取得不光是企业的发展,个人的荣誉也随之而来。2016年我被丽水市政府授予"丽水市突出贡献专家"称号,2018年度成了享受国务院政府特殊津贴专家。荣誉是肯定,更是鞭策。

我想可能浙江的企业家都有一个共性,从模仿者到追随者到并行者到最终的超越者,如何能成为并行者和超越者,没有自己的拳头产品是不可能在市场上立足的,单纯的加工、生产永远只能跟风。我想一个奋斗者不仅要对自己负责,也要对行业负责,说大点国家也需要我们的成绩,在这样的理念下我瞄准未来技术发展制高点,借助研发中心、博士后科研工作站等平台,带领团队克难攻坚,以"高精尖"优势迅速占领国内市场。同时,我还参编多项带锯床行业标准,为缙云带锯床取得标准话语权,公司连年保持20%以上的市场占有率,在推进高端装备产业关键技术创新和科技成果转化中做出积极贡献。2010年,经省政府批准,缙云带锯床产业列入全省21个块状经济产业集群示范区。2016年,缙云机床小镇被列为省级第二批"特色小镇"。目前,壶镇带锯床占全国70%以上市场份额,壶镇带锯床已成为缙云标志性产业和城市名片。创业创新,发挥龙头企业作用,带动产业集聚发展,助力"中国制造2025"。

(2019年1月4日,日精进473天)

◎ 我想人生就是要有一股不服输的劲,就是要有"明知山有虎,偏向虎山行"的魄力。

经历人生的起落依然热爱生活

郑　敏

总结自己的前半生,有起有落,而今算是迈步从头越。40年的人生或许不是三言两语便能概括的,个中滋味、各种挣扎只有自己知道。

20岁之前遭遇高考失利,放弃复读,坚持去了一个师范类大专院校。毕业后成了一名初中英语教师,半年后辞职。从南京辗转到横店集团,最后来到永康。那个年代流行一句话,"帮别人打工就是帮自己打工"。这跟"不想当将军的士兵不是好士兵"有异曲同工之妙。正赶上外贸最好的那个年景,我服务的那个工厂从我来之前的年销售额400万到4000万元,再到3个亿。由于我在业务上的努力,我也从一个人变成管理几十人,那一年我27岁。为了能更好地提升自己,我报考了上海交大的EMBA总裁班,成了班里年纪最小的一名学员。后来我又报了交大金融班的课程。连着4年的时间都处于边工作边求学的状态,那时候没有高铁,每个周末我都会"爬"上永康到上海的绿皮火车,深夜去深夜归。在此期间,我由于身体的原因离职,并于2007年创办了自己第一家公司,那一年我29岁。从此,所有青春岁月便和这份事业交织在了一起。

历经几年的坚守和发展,2010年、2011年公司业务进入了稳健发展阶段。然而,2013年由于一个决策失误,公司现金流断裂,赔尽了公司所有的资金,还不得不将南京一处和合肥两处房产出售套现,而我曾经外借给朋友的资金在自己最困难时却一分也没有讨回来。接连的打击对我和我的家人无疑是毁灭性的,对家人更是多了一份深深的愧疚,我因此患上了抑郁症。每当夜晚来临的时候,每当雨天来临的时候,感觉我与死神的距离只有一步之遥。恰在那时,我怀上了现在的小瓜,孩子在我肚子里一天天长大,这份新生的力量给了我新的希望。加上先生在身边无微不至的陪伴,我一天天好起来。可是生下小瓜后,在月子期间,我又患上了产后抑郁症。多少个夜晚只能与孤灯、书籍为伴,因为我知道靠药物和心理咨询师治不了抑郁症,只能靠自己的力量一点点积蓄,让时间慢慢抚平内心的创伤。

　　那段时间,为了解决公司现金流的问题,我们承接了很多项目,不管钱多钱少,不怕辛苦、不怕麻烦地去做。直到2017年底,我们才砍掉了一些服务项目,专注地做自己的主营业务。

　　如今,我和先生重新出发,打造和经营着自己的一份小事业,用心培育着一对可爱的儿女。在外人看来,我好像又走上了人生正轨,甚至包括我自己,也觉得自己的病好了。但是内心深处还是有无法抹去的伤痕,那件事不能被当面提及,一触碰就是深深的伤痛和抓狂。直到2018年4月,一堂"智在定慧"的课才真正把我治愈,在课堂上,我一掌击穿两块木板的时候,那个曾经自信满满"拍不死的小强"复活了。

(2019年1月6日,日精进第1119天)

　　◉洞见:经历过人生的起落之后,会看清很多人,也会看淡很多事,人在心态方面有了很大的变化。感恩自己在30多岁还算年轻的时候,经历这样的困难,让我有机会可以从头再来;感恩在我从高峰跌落谷底的时候,我的家人一直陪伴在身旁;感恩公司遭遇危机的时候,我的员工对我不离不弃;感恩在我最困难的时候,我的朋友给予我的精神鼓励和经济援助;感恩生活给了我起落的人生,却让我依然热爱生活。

让奋斗的你走向卓越

陈笑颖

十年前,你开启人生第一个奋斗篇章,
从此朝五晚九成为你的习惯。
上班旅途中,会有三个车站,
它们成了你的坐标。
十年磨一剑,
只为立志实现人生的梦想。

八年前,是梦想的召唤,
是为站上国际舞台,
你一直坚守岗位,
跌倒了,爬起来。
课堂中看见你穿梭的身影,
只为得到心灵的飞速成长。

回首前五年,从无到有,
你一路向前,
从来不知疲惫是何物,
用正能量影响自己与改变自己,
只因人生苦短不可虚度。

回首人生的最大动力,
源自梦想,又从未停止奋斗,
渴望实现父辈们的梦想,
渴望承担整个家族的希望,

渴望为社会发扬更大的光与热。

只因这些渴望，
慢慢地，你在职业生涯中，奋勇向前；
慢慢地，你把爱分享出来，畅所欲言；
慢慢地，你对生活充满了无限的勇气。

三年了，你没有停下奋斗的步伐，
你深知今天的所有，都将化为尘埃；
但奋斗的灵魂是最宝贵的！
带上你这宝贵的灵魂，
走向余生的每一刻。

若不奋斗，又当如何？
不奋斗，没有聚光灯为你闪烁；
不奋斗，走不出中国的版图；
不奋斗，赶不上父母的衰老；
不奋斗的人生，如何传承？

一个人，可以平淡地老去，
却得留着奋斗的风骨，
优秀的你本已在奋斗的路上，
只为遇见卓越的自己！
奋斗不止，
让奋斗的你走向卓越！

（2019 年 1 月 10 日，日精进第 1581 天）

◎ 洞见：奋斗不止，让奋斗的你走向卓越！

对得起自己的前半生

胡利曼

从小到大,在很多小圈子里,或许我就是别人眼中的那个"学霸""别人家的孩子",三好学生、优秀干部、优秀毕业生这些荣誉我都获得过。

小时候,爷爷奶奶不认字。我就会把整页的字、词背下来,然后默默回忆,写下脑中的字词当作听写。这也似乎锻炼了我的背诵能力。认识我的亲戚朋友总夸:你看利曼,学习总是这么努力,为人又懂事,要向她学习。

后来慢慢懂得,原来不是所有事情都要第一才能受欢迎。努力做才是重点。

上大学主攻新闻专业,电脑、单反是我们必不可少的工具,可那时真的没有钱买。于是,我退而求其次,每天拿两块钱买一份报纸,看记者怎么抓新闻点,怎么用文字传播最新资讯。从此,大学三年我养成了天天看报的习惯。

偶然间听说,一个初中同学在大学期间的生活费全靠自己勤工俭学而来。于是我开始利用空余时间做兼职,给人点菜、端盘子,大冬天在西湖边发传单。一个学期后,买了第一台相机。父母知道后,带着微笑却泛着泪光。

后来慢慢懂得,人生种种困境都有相应的解决方式,就看你是否愿意尝试。

工作第一年,实习期刚过,就得到老板认可,直接负责了公司30万元的广告订单。诚惶诚恐!

我甚至听不懂乙方说的定点定向推广,听不懂AE是什么。于是猛补传统广告和互联网广告知识,终于能把一些专用词挂在嘴上而不显突兀。直到广告合作结束,对方公司的人还不知道我是应届生。

多年后成为好友,他们调侃我:"胡老师,当年你真的能装,毕业生硬是摆出了专家的架势,我们居然都没发现。"

当然,那时我已变成小曼姐,并不断镀金:人力资源师、总裁班学员、策划师、总助。

那会儿,我已经清楚地认识到:这是一个看实力的社会,没有实力的人必须靠努力。

每一步都不能踩空!

再后来,结婚生子,退居二线,做男人背后的女人。其间势必有彷徨,有不甘。看着孩子一天天长大,看着爱人企业的发展需要自己支持,也就慢慢安心接纳和享受这个新的身份。

清闲的日子,管管自己的孩子,做做亲子咨询、小儿推拿,学习一下家庭营养、催眠等课程。

再看看书、写写字、敷敷面膜、健健身,让自己成为一个内外兼修的女人。某一天就有了自己的个人公众号,某一天就成了《永康日报》亲子导师。

(2019年1月3日,日精进第507天)

◎洞见:如今,我更明白,人生就是一段旅途。体验每一段路的不同,珍惜每个阶段的幸福。每一个瞬间都努力付出,做最好的自己,无怨无悔。

圆梦,就是把以前吹过的牛都实现

孔耀祥

当收到精进协会通知,要写一篇"奋斗"主题的文章时,我陷入了沉思。时光回到30多年前的一个夏天,那是一个满天星光的夜晚。躺在庭院中央的床上,看着天上闪烁的星星,我同母亲和四姐聊着各自的梦想。四姐的梦想是考上大学做一名医生,而我的梦想是做一名军人实现英雄梦,然后在老家给父母建一栋楼房,院内搭上葡萄架、种上各种花,在河里捞奇形怪状的石头堆成假山,院外种上各种果树,让父母好好享受晚年生活。母亲开心地说:"好,我等着。"那年我刚好10岁,父亲同3位叔叔分完家,带着母亲和我们姐弟5人搬到刚建了一半的3间新房里,没有结顶的新房一抬头就能看到满天的星光。夏天还好,可到了冬天,就难了,记得哥哥不得不和村里的十几个小伙子一起挤在牛棚里睡觉。

为了解决家人的实际困难,父亲借钱买了一台弹棉花机,弹一斤棉花只需要5分钱。那时弹棉花的人络绎不绝,父母常常通宵达旦地工作,有时我们还被父母叫起来轮番给他们打下手。我们年少困意浓,常常是站在那里打瞌睡。随着时间的推移,家庭条件逐渐好转,父亲又买了一台蒸馒头的设备。为此,父母每天4点钟就要起床,做好馒头天还没有完全放亮,父亲就骑着自行车走街串村叫卖。当天销售不掉的,挤压变形不好看的,常常会给父亲带来损失。为了让馒头的销路更好,父母就鼓励我们去推销。当时,哥哥姐姐觉得出去卖馒头不好意思,谁也不愿意出去推销。在寒暑假期间,我决定去试试,就骑着和自己身高差不多的自行车,后面挂两个大铁框,装上几十斤的馒头,开始走街串户,有时不小心摔倒了,人太小根本就扶不起车子。

在学习上我还算用功,可成绩在班级上只能处在中上游水平,最终中考时差几分没能考上高中。虽然父母支持我复读,但我已经深深感觉到他们供我读书的压力。1993年,掀起了打工热潮,很早就放弃学业的同学在工地上干活一天也有10元钱,姐夫给我介绍了他大学同学家的煤窑,去挖煤一个月有800元的工资,可我不想人生一开始就为钱而活着。在中考结束的那个假期,除了放牛、给牛割草,我就躺在田间地头、河边发呆,思索着自己的人生将走向何处。

一天下午正躺在河边放牛,村民兵营长找到我,问是否愿意去当兵,这让我兴奋不已。虽然母亲反对我去部队,但我排除万难来到了梦想的军营。在部队从普通兵到侦察尖兵、优秀士兵,到集团军优秀侦察班长,再到北部军区特种部队尖刀连骨干班长,参加军区侦察兵大比武,取得优异成绩。在部队紧张的训练间隙,我不断加强文化知识的学习,在部队期间取得了函授大专文凭。

在部队,我常常翻阅报纸,看到很多退转军人在地方一展身手创业的传奇故事,这些人让我的人生找到了新的方向。1998年转业到地方,为了实现我的致富梦,做过励志书籍推销员,拎着一大袋书从一楼到八楼挨个敲门推销赚生活费。做过保安,那时找工作,由于没有工作经验,除了保安、推销的工作,其他公司几乎不给我任何机会。

1999年4月,一个偶然的机会,我在一家公司做业务员。六七月份广州的天气比较热,和我一起跑市场的几个业务员,快到中午就跑去荔枝园乘凉睡觉,而我则逐家拜访,一年时间我就从一个职场小白做到了福建分公司负责人。在福建期间,凭着25元买的一辆二手自行车,带领团队逐条街巷逐个城市推销,硬是做到了超越国外多个知名品牌产品的销量,半年时间布局完福建各个城市的市场。记得为了推销一箱125元钱的摩托车机油,经常要骑自行车踩上30公里路。那时从漳州到福州再到南平没有高速公路,去一次要9个小时,而我常常是谈好业务就往返。

2002年我到广东一家摩托车企业做市场,又从一名业务经理做到大区营销负责人,不但成长了,也积累了一定的资金。看到电动车市场前景不错,就和朋友来到江苏查桥开办电动车组装厂,电动车生产线当月就实现了盈利,但因产品质量问题,一年多的时间便亏掉所有投资,还负债几十万。

2007年为了还债,稍作休整后,我再次到广东大自然地板工作,从月薪1600元的城市经理做起,2年时间从城市经理升任省分公司负责人,再到全国大区营销总监,也见证了公司高速发展及上市之路。

（2019年1月10日,日精进第1233天）

◉洞见:当年的小目标都实现了,而我又踏上了创业的新征程,只为完成一个新的梦想。

圆梦,就是把以前吹过的牛都实现。希望梦醒时分,梦想都实现。

以梦为马　只争朝夕

任飞进

用一颗坚强的心,执着寻找属于自己的梦想;用一腔火热的激情,追逐那美好而绚丽的明天;用一段精彩的历程,述说那艰辛而丰富的文化发展,创业人生,心随梦动;用智慧与汗水撑起自己的一片蓝天,用爱心与奉献扬起心海中的公益风帆。

——题记

沐浴着改革开放的春风,从曾经的打工者到如今的企业家,我亲身经历改革开放40年的社会变化。年轻的时候总渴望去闯、去拼,拼着拼着就有了这一番事业。一路走来,或间接见证,或亲身参与了公司从起步至转型再到革新的蜕变,而我自己也在风雨中历练出了一份沉稳,没有了初入世时的浮躁。

我是一个地地道道的农家子弟。大专毕业后,不满足现状、志向高远、年轻气盛的我就开始外出闯荡。20世纪90年代,通过不懈打拼,我迈出了致富第一步,赚取了人生"第一桶金",向自己的创业梦想迈出了艰难而重要的一步。辗转漂泊的闯荡生涯,不仅丰富着人生阅历,而且开阔了视野。我在创造财富的同时,积极学习着、准备着,学到了丰富的文化产业相关知识,积累了庞大的人脉关系网。打下这些基础,2004年我创办了浙江奥美立文化发展有限公司,开始了文化创意产业的创业新篇章。

2010年传媒公司转型发展公司,成了一家集策划、创意、设计、执行于一体的文化创意产业公司。公司目前涉足节庆活动运营、文艺演出策划、文化创意产业投资等多个领域。公司以谋略为本、执行制胜的客户理念,为众多客户提供高效的服务,并以独到的广告创意、专业的策划、精湛的设计、出色的执行和良好的效果回报,备受客户的赞赏及业界好评,成为永康文化传媒界高资历的团队。

2018年,我要感谢奋斗中的自己,因为在这一年里,我对文化产业、网络文化产业有了一个全新的认识,在永康市网络宣传方面取得了好成绩,走在全市网络宣传单位的前列;同时,我也迈上了影视文化的一个新台阶。

（2019年1月10日,日精进第1667天）

◎洞见:2018年我去了我一直以来想去的地方,穿越了西藏无人区。常言道,身体是革命的本钱,去西藏无人区也是我对自己体能方面的一个训练。"素心"不就是初心么? 不忘初心、牢记使命,我始终相信:有多努力,就有多幸运;有多自律,就有多优秀。2018年感谢奋斗中的自己,2019年继续奔跑。

奋斗是生命的常态

胡向前

人生走过大半历程,才有些许体会与感悟。是的,唯有走过,方能懂得! 人类发展的过程就是一部恢宏的人类进化的历史,人的生命短暂犹如沧海一粟、恒河一粒沙子。即便如此,人类发展历程中,依然涌现出了优秀的大觉悟者,推动和影响社会的发展,如2000多年前的佛陀、穆罕默德、孔子、老子,近现代的马克思、爱因斯坦、牛顿、毛泽东……

生命的过程,就是追求与奋斗的过程。我们从"哭"声中降临这个世界,又从亲人朋友的"哭"声中离开这个世界,中间这一段就是所谓的"人生"。人生就需要与环境、与大自然、与家庭、与社会抗争,争取幸福、和谐、富裕的生活,与生命的"无常""生死"抗争,争取平安、健康的生存权利。

因此,"奋斗"是生命的常态和本能。自然界的动物也为"生存"做着孜孜不倦的斗争……人类的不同之处,即在于在所谓"奋斗""经历""体验"的过程之后,有一个自我觉知与觉醒的过程,明了生命的意义,觉知如何生、为何死,明白生与死的关系。这里包含了人际关系、财富关系、因果关系……

社会家庭关系中,夫妻关系是最为核心的关系,是互相信任的关系;企业经营中,财富是为生命觉醒服务的,是唤醒更多的生命,在生命的成长中走向觉悟的过程。而这个过程必定是痛苦的,不是欢欢喜喜、开开心心请客吃饭的过程。千百年来,古圣先贤无不前赴后继,在这条道路上求索前行……

"路漫漫其修远兮,吾将上下而求索。"人类生命的觉知就是不断求索的精神,是煎熬与痛苦的过程! 思想的觉悟就是立与破、是与非辩证统一的关系;是不断打破信念,重新树立,又打破信念,再重新树立,循环往复前进的过程;是褒扬与舍弃、前进与后退、对与错、与坏交替的过程;更是道法自然、因果循环的过程……

在人生奋斗的这条道路上,没有老师,没有长辈,没有先行者,看似同行同修,其实我们都是孤独的前行者。在这条奋斗者的道路上,唯有真实与自在,唯有淡定与从容……

心若能随时出离于生活，做到"以心境转境界"，心就不会累。因为，觉知是幸福的必需品。财富只是为生命的觉醒服务的，如果我们的生命没有觉醒，财富终究只是身外之物，它不能给生命带来任何意义。

（2019年1月9日，日精进第985天）

◎ 洞见：每一个生命降临人间，都是纯净纯善的，只是在世俗的生活中，被环境污染了，染上了恶的陋习，让自己陷入无尽的烦恼中而不能自拔。如何学会放下，学会分辨，是摆在我们每个人眼前的功课。

立足三点铸就伟大事业

董首恒

　　幸福不会从天而降,梦想不会自动成真。世界上的事情都是干出来的,人世间的一切幸福都来自辛勤的劳动。只有通过不懈奋斗,才能实现人世间的美好梦想。

　　一、自强不息是中华儿女不懈奋斗的原始点。无论在古老典籍的字里行间,还是中国共产党"自己动手,丰衣足食"的革命口号中,或是国家40年改革开放的奋斗征程上,自强不息都诠释了一种文化自信,也彰显出中华民族的基本精神。中华民族五千年的文明史就是一部伟大的奋斗史,这种奋斗不息、拼搏不止的精神已成为民族精神的精髓,在中华民族发展、振兴过程中闪烁着永恒的光辉。每个家庭或个体发展的动力均来自骨子里对美好生活的渴望。我常常听到身边很多朋友讲,他们从小为了摆脱家庭贫困而立志,克服各种困难,尤其像浙商经历"走遍千山万水、历尽千辛万苦、道尽千言万语、想尽千方百计"之后而获得事业的成功。自己从小就有一个想法,好好读书走出大山,就是这个最原始、最真实、最强烈的想法,内化为自己不断成长的强大动力。

　　二、完善自我是人生不懈奋斗的着力点。中国人历来重视自身修养,并将修养而成的"性"视为"天之所命",传统哲学论述特别渲染内在精神的重要性。自孔子以来就宣称"为仁由己",在孔子看来,修养仁德只能靠自身努力,实则"我欲仁,斯仁至矣"。个人通过操守上的审慎、言行上的约束,才能完善自我、提升自我,这是一个人一生最重要的功课。"一箪食,一瓢饮,在陋室,人不堪其忧,回也不改其乐。"这就是其弟子颜回对孔子德行教诲谨守笃行的例子。其实,"为仁由己"所指向的那种奋斗精神,已深入中国传统文化,成为民族精神的标志。在不断完善自己的过程中,很多圣贤十分重视"诚"的精神。克己复礼、至诚尽性的修身功夫对我们每个人的成长都很重要。通过学思并进、知行合一,不断完善自身修养,这是我们人生奋斗最重要的内容。

　　三、服务人民是人生不懈奋斗的加速点。《大学》中提到:修身、齐家、治国、平天下。我们每一个人通过为仁由己、至诚尽性的修身,提升自己的能力,更大的责任应该是改造社会、造福百姓。鲁迅先生在《中国人失掉自信力了吗》中描述:自古以来,就有埋头苦干的人,有拼命硬干的人,有为民请命的人,有舍身求法的人,等等,这些就是中国的脊梁。譬如:汉初名臣陈平,少时家贫,与其兄长相依为命,刻苦学习,最后辅佐刘邦成就了一番事业。宋代贤臣范仲淹幼时安贫,但勤学不厌,家中揭不开锅,只能每日进以薄粥勉强果腹,然而生活的艰辛没有打断他"先天下之忧而忧,后天下之乐而乐"的奇志,毫不懈怠的人生态度成就了他的当世伟业与千古芳名。这种完善自我、贡献社会的人生态度,恰恰彰显了中华民族锐意进取的奋斗精神。《左传》曾设定立德、立功、立言的人生标准,表达了一种个人进取、回馈社会、提升境界的不断攀升的人生道路。因此,人的一生必须具备自强不息、奋斗不止的精神,不能仅停留在个体的、小我的价值实现上,还要思考个人对社会、对国家应该贡献什么,一生能有多大的作为。

(2019年1月9日,日精进第991天)

◎洞见:中国进入新时代,唱响了改革开放创新的时代主旋律,发出了奋斗创造美好生活的集结号,我们应该努力为国家、为天下披荆斩棘,成就一番事业。

奋斗就是逃离舒适圈

方聪聪

我觉得以我的年纪还不敢妄言奋斗,特别是在永康这一片创业的热土上,有太多奋斗神话,成功的,失败的,大起大落的,我不过是一粒尘埃,掀不起波澜。

但,我也很爱折腾,也算是有所奋斗吧。与很多成功人士相比,我的奋斗动力不那么伟岸,只不过是一种人生的选择。我不想选择安逸,不想选择一望到底的人生。所以,我的奋斗即是折腾,这一折腾足足4年了。原先家里安排的卷带生意是在父母的羽翼下,不论顺风逆风总能飞翔,入门非常快,本钱来得也容易。就是把父母的衣钵接下来,过渡一些熟客,生意做得顺理成章。但是我发现,这不是我想要的生活。垫付大量的资金,每日守着一亩三分地,扯着嗓子与赖皮的客户要债,想想要是没有父母的毅力,在这样的生意场上周旋,真是会越做越力不从心。

在从业的第四年,妈妈购置了一块厂房给我们扩大生意规模,又新进了一台设备打算扩大规格。那个时候我在要债的路上,已经用20多岁的"段位"与数名四五十岁的客户打过官司了,4年间见证了太多丑恶的老赖嘴脸。所以当我突然决定不做了,要改行时,全家人瞬间都觉得我做事没有毅力,遇到困难就退缩。特别是妈妈,觉得已经给了我这么好的创业条件,也付出了这么多,无法接受我要改行。但我已经打定主意,不想身未老心先衰。马云说改行穷三年,真是诚不欺我也。

今年是我们出来折腾的第四年,"马爸爸"没骗人,前三年熬过去了,必将迎来曙光!别误会!这前三年可不是在被窝里度过的!是实实在在地熬,去做无数件既累又不能马上得到回报的事情,甚至你会一度绝望,也会思考做事情的意义在哪里。但是,请不要放弃,坚持下去,必有明天!

(2019年1月2日,日精进第835天)

◉改行后的前三年,其中苦楚不想多说,这应该就是奋斗了。如果人人都理解你,机会都追着你,叫什么奋斗?奋斗就是逃离舒适圈,勇于走出去。

迷糊人生

王晓芹

回想起自己30多年的人生经历，我自己都特别想笑。

我的人生第一站：小学。为了逃避学业的压力，偶然一次机会，学校来招戏曲艺术生，我这小脑瓜一转，只要能不让我天天背课文，再苦再累都不怕。就这样在爸妈强烈的反对之下，我还是进了戏曲艺校。我这人性子烈又好强，那时候经常大腿青一块紫一块的，但回家从来没有诉过苦、喊过累。因为这是我自己选择的一条路，咬着牙也得坚持走下去，而且要在班里名列前茅。最后我做到了，3年的学习后，我顺利考上了浙江婺剧团。当时条件不好，下乡演出经常要打地铺。不像现在，浙江婺剧团为事业单位，还可以经常出国演出。爸妈觉得我年纪还太小，不宜过早踏入社会，还得回炉深造。

我的人生第二站：北京。自从爸妈把我从团里拉回家，就开始打算下一步了。我们家不富裕，我又是个女孩子，下面还有个弟弟。拉扯我们姐弟俩长大已经相当不容易了，当时也不知道父母怎么想的，非要把我培养成才不可。就这样，我坐上了火车，过上了北漂的日子，住着胡同里的房子，还和同学合租一间。舅舅帮我找了一所不错的学校——中央戏剧学院，在里面学表演。在这人生地不熟的地方重新开始。可天不遂人愿，2003年"非典"爆发，为了健康，爸妈让我回老家。所以我只在北京待了一年。

我的人生第三站：考大学。爸妈既然在我身上下了"赌注"，怎会就此罢休？条条大路通罗马，这条路不行，咱换条路走走看。看我在艺术方面有天赋，爸妈就把我送进了浙师大文化艺校，在那既可以补习文化课，又可以学习钢琴、舞蹈和声乐。再加上我以前学过戏曲有底子，一去那里练啥都比别人强，我爸妈还是有眼光的呢。高中3年，我努力补习文化课，父母又专门给我请了永康德高望重的声乐老师高则山，学习了一年，我顺利考上了浙师大音乐表演系。

我的人生第四站：建材行业。要不说戏剧化人生呢！我大学本科4年，专业课考试成绩每年都是数一数二的，自己也挺努力的，可鬼使神差地就从商了。

我也无数次问自己是因为什么,让我的改变这么大,是生活所迫,是遇人不淑、还是……我也想知道自己内心的答案。

建材行业不比其他行业,这其中的苦,只有自己知道,什么样的人都要打交道,受了委屈只能往肚子里咽,跑业务、跑工地、找客户、约客户。刚起步的时候什么都是自己亲力亲为。都说万事开头难,过了这个关卡,一切都会越来越好。迈入这行一转眼已有7年了,渐渐地,我忘记了曾经的自己,也在行业里成了佼佼者。我也成功实现了我在大学时候给自己定下的三个目标:30岁之前必须要有自己的房子、车子,还有两个孩子。这一切我都实现了。所以也让我有了答案,爱好什么和你要做什么并不冲突。

(2019年1月2日,日精进第845天)

⚙ 洞见:是建材行业成就了我、栽培了我、历练了我,让我发现不一样的自己。读万卷书,不如行万里路;行万里路,不如阅人无数。丰富了人生的阅历,才更会感恩人生赋予你的一切。

走过荒凉 迎接曙光

吴琛琛

2018年的夏天很特别,我鼓起勇气发起了众筹,来了一次沙漠徒步。

去了从没去过的地方,欣赏了从未见过的风景,也体验了身体过敏是什么滋味,最大的收获莫过于后来开了一间奶茶店。

这间奶茶店源于沙漠行走中闪过的一个念头:要有自己的事业。其实在去沙漠之前,心里早有了打算,寻找一名合伙人,事业可以先从小做起。打定主意便着手去干,去上海总公司学习,寻找店面,联系工人,装修,买材料。在选择店面时考虑的是需要在人流量大的闹市区,房租适中,面积足够。奔着这几个因素,寻找了两个星期后,终于在公安大楼对面,找到了一间差不多40平方米的店面。签好合同后,下午便联系了装修的师傅,他答应一个星期给我们装好。店面需要的材料不仅要价廉物美,还得环保。吊顶用什么材料,桌面用什么材料,门头用什么材料,做出来还得美观实用。货比三家,最终选定物料。装修的师傅们很敬业,合理利用了现场的物料,快速帮我们画出了店面大概的样子。一个星期后,店面已经装修完毕,就等机器设备到位。看着店面的雏形,很是激动,更有期待,毕竟,这是自己的第一份小事业。

挑了个好日子,奶茶店在2018年9月18日开业,亲朋好友们都前来祝贺。虽然事业不是很大,但第一次真切地感觉到我创业了。接下去,要好好学习营销模式和待客之道,争取在2019年旺季到来之时,好好干一场。

(2019年1月4日,日精进第1582天)

◎洞见:有了那次沙漠徒步的经历,有了自己第一次创业的经历,我相信,只有走过荒凉,才能迎接曙光。

听书

郑茵

2016年经施安民老师推荐,初次接触"樊登读书会",领略了听书的无限魅力与快捷方便。樊登老师把自己阅读过的书籍,经自己理解后,对书籍重新进行解读,其中有视频、音频、图文等多种形式可供选择,还另附文稿大纲和思维导图。这让我一下子爱上了读书,以往常常苦于没有时间读、静不下心读、读书效率低的我,彻底告别了只买不读的尴尬。

之后,我成了喜马拉雅、得到、新世相等音频软件的常客,但最终我选择了喜马拉雅,并成为喜马拉雅的忠实听众。上至天文地理,下到亲子育儿、健康养生、时尚生活……内容丰富多彩,从刚开始听免费栏目,到现在购买收听精品课程,受益匪浅。最值得推荐的,当数易效能创始人叶武滨的"时间管理"系列课程,叶老师的时间管理讲得通俗易懂,只要有心,操作起来没有任何难度。我还从他的推荐中使用了多款方便实用的软件,如"扫描全能王""印象笔记"等,真正体会了用对工具事半功倍的效果。但对我触动最大的莫过于"如何过一天,就是如何过一生"这句话,从2018年1月13日女儿生病到现在已快满一年,我从最初的极度悲伤到焦虑烦躁,再到现在的平和,自认为应该归功于这么多的好书、好课程的陪伴。如果没有这么多音频的陪伴,我真的不知道自己这一年怎么过。

从女儿开始进行康复治疗后,我开始更多关注学习类的APP,如"行动商学院""大脑人"……这些课程又给我打开了另一扇窗,从中学习到了更多工作上的技能!

(2019年1月4日,日精进第1121天)

◉洞见:听书,让我可以更好地利用碎片时间,吸收各方面的知识,获得工作的提升、生活的智慧、心灵的滋养,重拾阅读的快乐和感动!听书,切忌求多,多听精品,一定要有计划地听,做好时间规划很重要!多听名师言,可以节省我们很多时间,少走很多弯路!

四十不惑回望

钱昌校

从小父亲跟我们讲,我们家跟别人家不一样。为什么不一样?因为穷。父亲的话,也许影响了哥哥与我一生的轨迹。父亲的一位朋友做煤饼生意,一位邻居做烤鸭生意,我从小就希望成为他们这样的人,希望证明给别人看,让父母脸上有光。

4岁以前,我们家住在一个叫洋长湾的山沟里,爷爷在父亲结婚后与父亲分家,给父亲的家当,只有一箩筐米和500张瓦片。为搬到村子里住,需要买地,盖房子,父母的心思都在赚钱上。

13岁以前,是上小学的时光,印象深刻的有两件事。

一是干农活。农忙的时候早上4点起床割水稻,学会拔秧后,父亲让我学种田。我跟父亲讲长大后坚决不种田,从而没有再学种田。家里捞豆腐皮,我每天放学回家的任务,就是洗十几张大铁盘。最喜欢跟父亲去山里卖西瓜,因为每到一个村,可以拿着卖西瓜的钱,像大人一样买啤酒喝。因为从小感受父爱少,有一次干农活累了,很早躺在床上,无意中看到父亲睡前来房间看我们兄弟俩,并跟母亲说:"今天,这两个孩子确实干活干得太累了。"第一次感受到父亲的爱,因而泪流满面。

二是多行善。十几岁那年,有一次帮一位老太太挑担下山。直到我婚后,凡和老太太碰面,老太太还总说我的好。每一次坐车,心里总是想着给有需要的人让座。

17岁以前,是我上初中的时光。记得因为哥哥不再上学,母亲几公里追着打他,哥哥就是下定决心不上,也许哥哥的心里就是想去赚钱。上初二因为座位调整,旁边坐了一位调皮的女同学,我特别喜欢跟她一起玩,这也改变了我的轨迹,不再热衷于玩游戏。学习上开始用功,中考考了个比较好的分数,在教育局工作的叔叔,跟父亲建议,我们这样的家庭,我应该读师范学校,因为可以早一点毕业。我说要读高中上大学,没跟父亲商量,自己填了普高志愿,这让父亲着实气了一回。现在回想起来，都觉得自己当时太有主见了。

（2019年1月4日，日精进第1121天）

　　◉洞见：回望17岁之前的人生历程，从小受家庭影响、环境影响，形成的人生观，真是影响人一生的价值选择。老话说"三岁看到老"，这话真是真知灼见。因为3岁左右形成了"我要成为什么样的人"，往后的人生历程，只是实现这样的定位而已！

改变的是时代，更是自我

陈　芳

20世纪70年代尾巴出生的我，转眼已到不惑之年。

自记事起家中就有一个小型服装厂，妈妈打样、生产、管理，爸爸除了在单位上班还要跑销售、进原料。爸妈忙着生计，没多余时间照顾我们，所以自小我与哥哥就很独立。烧饭、洗衣、给爸妈打下手，哥哥十几岁，我八九岁，兄妹俩就开始在土灶上做饭。在那个年代，万元户是稀有的，我家就是其中的一户。照理这样富有的家庭，孩子应该娇生惯养了；但我家恰恰相反，除了不用去田地里干活，我们兄妹俩家务劳动样样会。别人家过年前几天，父母都在家里倒腾各种吃的，孩子们都可以钻被窝，可我爸妈根本没时间休息，天天加班赶货，家中一日三餐都由我负责，哥哥给爸妈帮忙。别人家父母老早给孩子准备好过年新衣，我只能羡慕别人。年近除夕，爸妈才安排我们进城，准备年货，添置新衣服。

改革开放后，国家发生了许多重大变化，让我们家享受了好处，生活小康了，我却经历了下岗，工龄买断。不爱学习的我，在高中毕业时，爸爸凭借着关系，把我安排进了当年的县第一百货公司，拿工资吃公粮，是个让许多人羡慕的工作。可是没想到，不到一年我就下岗了，而对于买断工龄，我还不满一年，不够格。也是这段时光，让我找到机会，找店面销售自家产品，自产自销，家中的生意达到了一个高峰。

对于当下，就是要开拓市场，把我们的生意做到全国各个县市。我在二十出头时独自一人，到永康开拓市场。丽州商城，我的第一站，在那里一待就是3年；而在此后的十几年里，永康成了我第二故乡，结婚、生子……

（2019年1月2日，日精进第1303天）

◎洞见：时间流逝，在浮浮沉沉中，我经历了风风雨雨。改革开放40年的回忆与写照，映射出老百姓起起伏伏的一生。

一只南飞燕

董晓燕

谁也不会想到,曾经热播的《彩云之南》宣传片改变了我的命运。遥远的西南边陲,神秘的云滇文化,令人心驰神往。

至今仍深深记得,当年被分配到云南,爸爸妈妈送我到吉林火车站时牵挂的目光。这可是我第一次一个人出远门,而且这么远,从东北到西南,数千里之隔。不记得我是怎么说服了爸爸不用送,不记得我是怎么会冒出这样的胆量。一个人,形单影只,去云南工作。

20年前,由于没有直接抵达昆明的火车,需先坐车20多个小时到达北京,再经历8个小时候车,然后乘坐43个小时火车到达目的地。从东北到西南,漫长的绿皮火车路,整整三天三夜。

车子缓缓南下,北方大雪纷飞,南方早已是一片盎然的春色。一同南下的,还有我对电视台播音员、主持人美好的憧憬,对南方陌生神秘的渴望,对荧屏工作充满好奇的向往。

黑土地长大的地道北方姑娘,从没有去过北京以南的地方。第一次到南方,可想而知,新鲜极了。梯田、油菜花、红土地、水牛、阁楼房,琳琅满目的鲜花,千奇百怪的食物,色彩斑斓的民族服,引人注目的民族舞,还有许多叫也叫不出名字、见也没见过的绿色蔬菜,还有使劲听也听不懂的方言……交织在一起,构建了一个从没经历过的全新世界。我心里暗暗地想:燕子的春天来啦!同时也感叹:好一个"异国他乡"。

但这种新奇的感觉只维持了短暂的时间,很快就发现,自己遭遇到的"水土不服",远比想象中严重。我一到云南,就赶上了台里集体外出旅游。半个月后回来,我发现脸上皮肤开始出现小情况。带着火辣辣的疼痛感上镜,是电视台工作给我印象深刻的第一课。慢慢发现,这种不适应,并不只体现在气候和饮食上,主持人的工作集采、编、播于一体,云南地处高原,而这对于东北平原长大的我来说,确实是一个不小的考验。爬山爬到一半晕倒;车在山上行进到了一半,由于晕车整个身体僵硬;扁桃体发炎,连着半个月打吊针……类似的小问题还真不少。

最大的水土不服应是文化的归属感,早已习惯了北方生活的女孩,适应少数民族地区的文化,还真没那么容易。

也许是冥冥中注定,2003年安家永康。也许是前两年在云南的生活积累了不少经验,也许是这座美丽富饶的江南小城更适合自己,我渐渐习惯了这里,并慢慢喜欢上了这座城市。

一个偶然的机会,让我把播音和语言艺术培训行业连接在一起。感谢好朋友翠的信任!和孩子打交道,又能发挥我的播音主持专业,真的是太好了。生命中总要找到一种方式将自己当初的梦想延续下去。"慧思语教育",便由此诞生。

刚开始,还经历了一段懵懂期。管理艺教机构本应是一件忙碌的事,然而刚接触到这个全新行业的我,除了上课之外,完全不知道还可以做些什么。那段时间整个人都是茫然的。这种状态,直到后来参加一次同行业的交流会时才有所改变。看到同行业的伙伴争相交流工作经验,如获至宝,原来能做的事情还有很多。既然选择了这份事业,就要尽自己最大的努力去做好它。是时候,让自己忙起来了。"再短的路,若不迈开双脚,永远也无法到达;再长的路,如果一步步坚持下去,总能走完。"没有经验,就用勤奋来弥补。没有比脚更长的路,没有比人更高的山。

6年的时间,最值得欣慰的是,"慧思语教育"每一年都在一步一个脚印,扎扎实实地成长进步着。选址装修上精益求精,教学设备上精益求精,教学体系上精益求精,教学服务上精益求精,课程设置上精益求精,师资力量上精益求精,平台搭建上精益求精。

"你教室里的每一个孩子都是一个家庭的整个世界,教育者要永远保持充满爱与责任的心。"

非常感恩我的父母,让我出生在一个和谐民主的家庭,从小到大,爸妈总是给予满满的信任和宽容,不太干涉自己。反观现在很多的父母,剪断了孩子的翅膀,却又怪孩子不会飞翔。

经过几年的沉淀,"慧思语"致力于语言艺术课程、素质教育课程、父母学习课程三大核心,通过线上教育和线下教育相结合双管齐下,能力教育和做人教育相结合全面发展,室内教育和户外相教育结合齐头并进,家庭教育和学生教育相结合,实现教育的完整化。提高学生终身竞争力,让亿万家庭更幸福,是我们不变的追求和方向。

习主席说:"幸福都是奋斗出来的。"作为一名教育工作者,就应该为国家的教育事业贡献自己的力量。南飞的燕子辗转四方,终于选在了江南落脚,这如期而至的春天,还将继续美丽下去。

(2019年1月5日,日精进第1331天)

◎洞见:提高学生终身竞争力,让亿万家庭更幸福。

感　恩

孙文爽

最早接触感恩这个词,是参加2016特训营的时候,朱金进老师讲特训营精神——担当、创新、卓越和感恩,我们参加的第二届特训营的主题是感恩,当时年会的主题也是感恩。那次感恩有一个庄严的仪式,邀请我们各自的父母一起参加年会,并接受特训营的嘉许。通过活动我感受到了感恩应该是一种表达,感恩需要表达,只有当我们真诚地去表达感恩的时候,我们才会真正感受到感恩的力量。

之后就是参加2018日精进的年会,我是以一名朗读者的身份出现在日精进的舞台上的,我读的文章是周伟军的《感恩》。我和伟军一起去改稿子,又亲自把这篇稿子完全脱稿朗读出来。正是因为完全脱稿,感恩这个词才再一次融入我的血液当中。

最后就是参加聚焦答案的学习。当我在体验识别、理解、转化的时候,我发现,那种最愉悦的状态原来就是感恩的状态,那种能够帮助人实现心灵和意念转化的力量完全来自感恩的力量。

于是,在一个晚饭时刻,我和我的同事一起去吃麻辣烫,我深深地感恩,我感恩我能够相对比较自如地体验感恩的情愫;当婆婆帮我准备了爱心早餐时,我表达情感不再羞涩,而是发自内心地感谢婆婆对我的关爱;当我非常自然地对我的同事和客户表达我的感恩时,我收获了很多真诚的、慷慨的回应,这本身就让我感觉很好。

（2018年12月16日,日精进第672天）

◉洞见:生活给予我们的一切都是值得感恩的,相信一切都刚刚好,迎接我们的终将是美好!

奋斗路上的孤单

蒋淑芬

很多人会说自己创业压力一定更大。但我觉得,似乎和之前的工作一样,做业务同样经历喜悦与压力,反而创业的路上多了一份自由。

提起创业的奋斗之路,让我印象深刻的是,2010年12月,很冷的冬天。我在五金城最角落处租了两间店面卖起了螺丝,刚开始,没有工人,自己穿着工作服,动手干活,天气特别冷,手都是僵硬的。看到对面一个礼品公司的服务人员,开着暖气,吃着东西,偶尔走到我这聊几句。我在想,她或许不知道,之前我也是一家特别有名气的公司的白领,开着公司配的车,永远也不用提醒加油卡没有钱,打着公司配的永远不会停机的手机,拿着高薪,出差时老板都是要求不要住快捷酒店,因为代表的是公司形象。我也有我的虚荣心,工作环境的落差让我第一次矫情地哭了。

很幸运的是,奋斗的路上一直有贵人相助,很快就有了稳定的订单。高兴之余也面临困难,对产品不熟悉,对标准件的基础知识不够,供应商的渠道不足,对我来说这是全新的行业。我之前工作上有好的人脉关系,争取订单不是最大的困难,但是后备力量不足。有质量问题,有技术咨询,我心有余力不足。我很委屈,很难受,对比之前的公司是行业的老大,我的背后是一个强大的团队,我只需要往前冲,只需要和客户做好沟通与交流,所有的问题团队都会配合,因为品牌的影响力让我在客户面前非常有价值感。如今,出现任何问题都是我的问题,孤军奋战的感觉经常让我默默掉眼泪。

后来订单慢慢多起来,客户也慢慢多起来。生了女儿与儿子,也更忙碌了,但似乎心里很空虚,我思考着问题出在哪里。这么多年奋斗的路上,我好像只有工作和孩子,我耗尽了之前的能量与能力,同时即便我在永康立足了,我依然对这座城市很陌生。除了客户,很少有朋友,孤单让我缺少对生活的激情与热爱。那时候看到一句流传很广的励志话:当你的才华还支撑不了你的野心的时候,你就应该静下心来学习。我立马问永康的朋友,永康有哪些培训机构,最终我选择了企盟会,成为第十届总裁班学员。很快我接触到了日精进,第一次在分享会上,颜会长让我仰望,很快被这个团队吸引,就这样加入了日精进的大家庭。

我记得有一次分享会上,我说,日精进让我融入了永康,让我有了归属感,因为我骨子里就是善良、正直、充满正能量。

(2019年1月2日,日精进第1119天)

◉洞见:在这里,我学会每天思考,遇到问题与困难,似乎不再孤独,这个团队给了我很多的力量。当你的能力还驾驭不了你的目标时,就应该沉下心来历练。而日精进,让我耐心沉淀,学会与内心深处的自己对话,感恩遇见,遇见日精进。

浅谈成长

沈芳燕

前几日,永康市精进文化协会要求写一篇关于奋斗的文章。很惭愧我正在奋斗中,只能浅谈成长,漫漫人生路,奋斗在起步。

在这繁华的城市中,每个人都在扮演着不同的角色,每个人都有自己的使命和追求,追求爱情、财富、权力,我也不例外,想为自己平凡的青春增添一道色彩。记得习总书记讲过:"伟大梦想不是等得来、喊得来的,而是拼出来、干出来的。我们现在所处的,是一个船到中流浪更急、人到半山路更陡的时候,是一个愈进愈难、愈进愈险而又不进则退、非进不可的时候。"

的确,人生没有等出来的辉煌,只有奋斗出来的美丽。大学毕业后,我怀着梦想到义乌从事翻译工作。都说义乌是外贸的天堂,带着老外每天穿梭于国际商贸城,看看园林工具,选选小商品,虽然累,但收入可观。当时义乌都是以印度、巴基斯坦、尼日利亚等国的人为主,相对而言,这些国家较落后,对义乌廉价的小商品需求量非常大,而素质也没那么高。清高、孤傲的我对他们的做法持有意见,因为执着,看不惯尔虞我诈,毅然辞去这份工作。当然我也做了反省:如果自己还像这温室里的花朵,那将来怎么办?

于是又回到金华,从最基础的做起,在一家网络公司做销售,学会接纳各式各样的人,学会在这红尘中生存。因为不会口吐莲花,不会花言巧语吹捧,不会赔尽笑脸讨好,第一个月业绩为零,觉得特失落,还好当时总监鼓励我。第二个月我改变自己,每天比别人晚下班,比别人花更多时间找客户资料,分析客户的需求和潜在问题,并与客户做深层沟通,始终站在客户角度分析问题,第二个月业绩终于突破了零。第三个月开始,我的见客户率是全公司最高的。功夫不负苦心人,从这个月开始,我的业绩一直占据全公司第一。每个月领到奖杯,直到离职都从未有人超越。

(2019年1月10日,日精进第390天)

◉洞见：曾经的坚持不懈，全心全意为他人着想的理念一直影响着我，鞭策着我。只要心中有梦想，便不会失去方向，在生活中，我们难免会面对挫折，也难免会面对一些未知的考验，但我们始终要坚持自己的初心，以匠人之心琢时光之影。

平淡如水,时光如歌

朱 鸽

刚接到日精进通知写个人奋斗史时,我觉得自己没有资格写奋斗史,因为现在还没有达到我给自己定的目标。

时间走得太快,转眼 2019 年就是我的不惑之年。过去 39 年还是很顺利的,没有经历过大波折。从父母家到先生家,从学生时代到现在为人妻为人母,一切都刚刚好,所以我非常感恩。

小时候,从我懂事开始,我就是在父母、亲人,还有老师的表扬和肯定中成长,学习自觉、勤奋刻苦,尤其是初中的学习生活,想想都是美美的,我在当时就读的学校成绩都是名列前茅。

也许当时最大的挫折是没有考上永康一中,父亲说要给我自费到一中就读。那时候,我就非常有独立思考的能力,有主见,我不同意去一中,相信读普通高中也可以成才。高中阶段我也是勤奋刻苦,积极向上,但 3 年后的高考还是与名校无缘,父母希望我参加复读争取考更好的学校。非常有主见的我再次决定不复读,进入宁波商学院就读市场营销专业。大学 3 年我依旧勤奋学习,积极参加实习工作,一切都进展顺利。可能是自己的要求不高吧,所以觉得自己遇见的都是好的。2001 年偶然的机会认识了我的先生,也顺利步入婚姻,生儿育女。

事业上,长辈给我们创造了一个好的平台。自己开始接触外贸工作时,也经常半夜三更在车间赶包装,发货到凌晨,早上依旧 7 点多就到办公室工作。现在想想年轻真好,那时一点都不觉得累和困,这种情况持续了四五年。

2011 年,企业内部的人员和投资导向发生变化,觉得自己的能力已经和企业管理非常不匹配,进而参加了社会培训机构的学习,这个过程也让我心态上改变和提升了很多。人生的每一个 10 年都非常重要。接下去的 10 年,努力把孩子教育好、父母孝敬好,家庭教育和企业经营平衡,和谐发展。

(2019年1月8日,日精进第1105天)

🌸洞见:企业的永续发展是一场持久战,它会一直在路上。如果时光可以倒流,我希望自己在学习和工作上更有创新和精进精神,对父母的孝敬和陪伴可以更多,对孩子的教育可以更到位。

草根的成长历程

胡琳爱

我从草根成长起来,创业的艰辛唯有自己能体会。

我是从2006年开始从事认证行业的。因为搞技术,总是和物打交道,沟通能力不太好。但沟通能力的提高不是一天两天就能达成的,需要在工作中慢慢成长。我磨炼沟通能力,是为了创业。创业一定得要学会做销售,可我是销售新手。销售从来就是一份艰苦的工作,会遭到很多的拒绝,因而工作上的压力非常大。记得2010年12月15日,我们去东阳谈认证项目,从公司出门,天就徐徐降了些小雪,越下越大,路上车堵路滑,整整开了6个小时。那时没有导航,我给客户至少打了20个问路电话,到了客户那边已是下午3点,客户了解了产品结构、特征、功率等情况,等办完事回到家,已是晚上10点。

认识我的人,都说我爱学习、爱钻研,有股不服输的拼劲,对人真诚友善,文静中透露着干练与自信。我想说,执行才是关键,要说有什么诀窍,那就是一定要站在客户的立场,解决客户的问题,帮助客户降低成本,同客户一起成长。很多老客户奔着口碑而来,真诚对待他们就好。

我碰到过一位瑞典客户,他在全球范围内采购商品,当然少不了名震世界的浙江小商品。网络这个桥梁,让这位华裔客户找到了我。客户远在瑞典,但中国商品进口到那里,需要进行对应标准的认证。我帮助客户解决了一系列的问题,赢得了他的信赖。从那以后,这个客户在中国大陆采购的所有小型商品,都会直接要求厂家寄样到我这里来进行认证检测。

从一个基层员工,到自己创立公司,从多年前一个青涩的小女孩到现在靠着自己的勤奋好学一点点壮大自己的事业,支撑我的就是爱与进取之心。没有背景和后盾,有的只是激励和力量,有的是父辈的勤劳和坚韧的榜样。为了让家人过得好一点,得到应有的尊严,我只能全力以赴。

每当我感到害怕,感到不知所措,感到无能为力时,一本《卡耐基成功之道全书》伴随我很多年,伴我迈过一个又一个难关,让我又有勇气去面对很多事。

我知道,我没有比别人更多的优势,唯一就是认真、坚持再加上勤奋。

经过无数次的历练和发展,无数次碰到困难想放弃但又选择坚持。现在我的公司已有几千家客户,谈项目时,我也非常淡定与熟练。十多年的经营,让我有了一支专业团队,公司也在稳步发展。

(2019年1月8日,日精进第658天)

◎ 洞见:一路走来,没有所谓的"贵人"提携,也没有创造传奇的"机遇",有的只是踏踏实实、勤奋努力的过程。心怀善念,守正真诚,勤勉有为,天道酬勤,是这些品质催生的力量,让我走到了今天。

致成长中的自己

胡秀平

内向、不善言辞的我如何变成爱交流、开心快乐的我？

回想我的前半生，我职业生涯非常平稳，一直从事的都是医疗行业，在金钱上没有多大收获，在其他方面收获了一些感悟：因为坚持，把一个已经瞳孔扩散可以宣布死亡的孩子成功抢救回来；几十年的临床经验帮助很多病人恢复健康，特别是专业做妇科调理，帮很多妇女治好了有难言之隐的疾病，重新让她们找回了幸福。每当治愈一个病人，我就收获一份开心快乐！

最让我高兴的是，这两年通过学习，我的心理、思维、情绪发生了巨大的改变。十几年以前的我，每天工作、家庭两点一线，没有兴趣爱好、娱乐，个人的体质非常差，性格内向，爱发火、爱抱怨，经常一副愁眉苦脸的样子，不喜欢跟别人沟通交流。

医生的职业本来就是高度紧张、乏味的，加上有时候偶尔有病人不理解，久而久之，我的心情越来越不好，身体也越来越差。我也发现，身体羸弱的人往往心情也不好，情绪烦躁或者悲观消极。发现自己的问题后，我主动学习了一些课程，如教练技术、企盟慧等，每学一个课程除了收获心灵上的慰藉，还认识了很多好朋友，帮助我度过了一个又一个艰难时期。

经过不断学习，发现以前经常把自己放在受害者角色，而没有想到应该把自己放在责任者的位置，且抱着创造者的态度！

学习后我还知道身体的疾病很多都是情绪不好引起的，只要能够处理好情绪，心情才会和谐，让身体的细胞在爱、喜悦、开心的环境中，身体就容易开启自愈能力。

确实当我开心快乐后，身体不知不觉比以前好了很多。开始有朋友说我比以前更漂亮！学习使人年轻，真的是一点不假。特别是加入永康市精进文化协会后，会长的严格要求和付出，让我的写作水平提高了很多。

经过3年持续地发日精进，把每天的思想、收获、感受都拿出来分享，慢慢地赢得了很多粉丝。也有粉丝私下里找我,把他们平时心里的纠结、悲伤和无比痛苦的事跟我倾诉,有时候事多不能及时回复,或者信息多没注意到,我就告知他们可以下午或者晚上联系我。经过心与心的交流引导,尽量帮他们找到问题的根源。有些朋友聊一次就放下了,有些微信上很难沟通,就当面聊,而有些外地的朋友只能微信上断断续续地聊,通过一段时间的沟通,他们都有所好转。

(2019年1月11日,日精进第1133天)

❀洞见:每当成功帮助一个朋友,我的快乐又增加了一分。在帮别人梳理情绪的同时,自己也从另外一个高度看待事情,提升了自己的格局!深切感受助人为乐,真正乐的是自己!

相信自己以后会是一个不错的心理疗愈师。为自己的成长加油!

助人为乐乐自己

申屠鑫

很多人见到我的第一感觉是激情、热心、奔放、豪爽。不知道多少人问我为什么每天那么精力充沛,天天像打了鸡血似的。其实不然,现在一切的状态都是缘于我生活的历练。

我出生在20世纪70年代初东阳南马一个非常贫穷的小山村。我来到这个世界非常特殊。爸爸54岁的时候才有了我,上有3个哥哥1个姐姐。小时候我体弱多病,因为读小学二年级的时候,邻居的一句赞美"字写得那么漂亮,将来肯定能跳出农门,去吃国家饭",所以那个时候就埋下了一颗努力的种子,学习成绩一直名列前茅,最后考上南昌大学。记得当时能考上本科的人非常少,尤其在农村,所以很多有条件的家庭都会放几个晚上电影或者请戏班子来做戏以示庆祝。对于我家来说,庆祝是不可能的。我反而多了一份担忧:年迈的父母怎么凑齐学费?同时又有了一份期待:我终于可以走进大学校门,早点完成学业,分配到一个好工作去报答父母。

经过4年的大学学习,毕业之后,本来已经在杭州华日冰箱入职,但是当时考虑自己所学专业为机电专业,一方面为了就近更好地照顾自己年迈的父母,另一方面又看重永康发达的五金工业,毅然决定来到永康恒丰公司上班。进入永康恒丰公司后,马上被总经理重用,直接进入开发一部负责电动工具产品开发,成为开发部技术开发的骨干。

正当我干出成绩,公司领导要给我升职之时,我爸爸由于胃穿孔而离开人世,那年他80岁。那种"树欲静而风不止,子欲养而亲不待"所带来的痛苦,让我心情极其低落,再加上恒丰工资太低,我毅然辞职,出来与其他两位同事在永康科技五金城一起经营3D产品造型。也许是产品太前卫,很多老板都不接受,所以遭遇当头一棒,最终散伙。来年迫于生计,我又开始打工生涯——走进了永康市宏达实业有限公司,任技术部经理职务。在这里,我有缘结识了日精进的副会长。正因为聆听日精进的一门种子课程,我进入了日精进这个平台,每天吸收众多优秀的精进家人的能量,我心中的那颗奋斗之心才重新燃起。

一切都是最好的安排。2018年1月份的日精进检查中,我对"爱自然生命力"课程颇为欣赏。于是在2018年夏天,全家人走进"唤醒天才的秘密"课程,我们夫妻俩参加了全程的学习,这彻底唤醒了我的梦想。几百名家长中唯独我特意定制了梦想画轴,并挂在我的办公室和家里卧室。我的余生还很长,我可以为自己的梦想去奋斗终生。

我的人生梦想也就此有了新的规划:第一,拥有一所梦幻般的养生庄园;第二,赞助并建立至少一所爱心学校;第三,成为上得了厅堂、下得了厨房的烹饪大师;第四,周游全世界,用自己的亲身经历和能力去传播"爱自然生命力";第五,举办自己的个人摄影、书法展;第六,建立并传承优秀的申屠家族家风、家规、家训。

有了上面的梦想,再加上日精进的督促提醒,我每天都会吃好喝足,静下心来深深地呼吸一口气,想想有没有好好对待自己的身体,因为身体是实现梦想的前提。于是我带领身边朋友一起坚持体育运动,组织永康长跑群,从保持心理平衡、合理膳食、戒烟限酒、适量运动出发,养成坚持不熬夜、晚上泡脚等良好习惯,让自己每天精力充沛,为了更好地去实现人生梦想而奋斗。

(2019年1月8日,日精进第660天)

◎洞见:能用日精进文字记录下我奋斗的点点滴滴,这就是巨大的精神财富! 我的内心始终流淌着微信里的那句座右铭:活到老,学到老,永远保持一种空杯的心态,让自己走在学习和成长的道路上。

活着就要奋斗

徐小凤

活着就要努力,活着就要奋斗,不放弃,不退缩,不气馁。因为有梦想,所以要去远方!

2004年,我的女儿降生,却遭到了家庭变故,独自一人带着孩子离开了永康,去贵阳创业。那几年,我又当爹又当妈,又当老板又当员工,什么都是自己做。孩子是吃着隔壁邻居的饭菜长大的。印象最深的一次,一个下雨天的下午,我从工地回到店里,看到女儿脸脏了,衣服和鞋子都湿了,问她:"饿吗?"女儿懂事地说了一句:"妈妈,我不饿,隔壁阿姨给我吃过了。"我说:"哦,好的。"顿时,我转过身,眼泪直流。那一刻我就想,我一定要努力,一定要给女儿更好的生活,一定要让她过上好日子。这一待就是6年,酸甜苦辣全部尝过,女儿渐渐长大,日子一天比一天好,我用自己赚的钱买了房子,总算有了一点积蓄。

2009年,妹妹的葡萄牙朋友说非洲生意好做,我毅然放弃国内的一切生意,和妹妹一起去非洲。那一刻,我重新开始创业。由于语言不通,第一年,被抢货,被骗钱,亏光了所有的积蓄,欲哭无泪。但是我暗暗发誓,不赚到钱,我就不回家。随后我从亲朋好友处借钱,重新布局,找翻译,认认真真脚踏实地地发展,渐渐地贸易生意有所好转,木门工厂也办起来了。

这一待又是6年,其间我经历了一辈子都没有见过的事情:身边的中国人有赚到钱的,有回国的,有被枪打死的,也有生病死的。而我也经历了两次刻骨铭心的事件,一次是回家路上被4个拿枪的黑人抢走了汽车,最幸运的是没有伤到自己,现在想想,那是不幸中的大幸。另一次是在移民局的大行动中,我和员工一起被带走。在移民局监狱,我待了两天,睡在冰凉的水泥地上,我想我的祖国,想我的妈妈,想我的女儿。无限的委屈聚集在一起,那一刻泪流不止,后悔为什么我要来这里。我好想回国,但我不能放弃,因为我有责任,我有梦想!

擦干眼泪,我默默地对自己说,不要害怕。后来在贵人的帮助下,我顺利离开了监狱,那一刻感觉阳光真美,那一刻所有的委屈都过去了。后来,当地华人报纸整版报道了我们姐妹俩的创业故事。报社记者说:"你们可能不是最成功的商人,但你们的故事可以激励很多年轻人去追求她们的梦想。"

(2019年1月7日,日精进第659天)

◎洞见:现在,我活得挺好,遇到了生命中对我包容爱护的另一半,家庭圆满了。2018年1月,又生下第二个宝宝,一切都朝着健康的方向发展,我坎坷的前半生也成了生命中最难忘的故事。生命在继续,生活在继续,非洲那块热土上的事业还在不断壮大!

做好每一道选择题

应 猛

40年前,我出生在永康的一个小山村——后杜村,我们兄弟两个,我是弟弟。

父亲从小就和永康大部分人一样没有上过学,十几岁就跟着爷爷出去补铜壶,所以父亲赚钱比较早。在我小学三年级的时候,父亲把我和我哥哥叫到一起,让我们做出人生的选择:一个人读书,一个人跟父亲做生意。我挑了做生意,我哥读书。因为我知道我哥读书成绩比我好,又好学。

1993年6月初中毕业,父亲先要求我熟悉家中的雪糕模具是怎么做出来的,安排我跟一个叔叔学做雪糕模的手艺。当时记得很清楚,做学徒一天5元钱,做了120天左右,赚了600元工资,这是我赚的第一笔工资。到了11月,父亲带我出去跑业务,从永康到成都。那时我才16岁,一米五的身高,跟着父亲一起踏上西去的火车,从金华坐到上海转车,坐到西安再转车到成都,一共坐了60多个小时,这也是我人生第一次坐火车,还是半票。第二年春节一过,父亲让我跟着一个叔叔去成都,放手让我一个人出去跑业务,我沿着父亲带我去过的路线,从成都到重庆,沿途很多县市,一个一个地跑。当时的交通很不发达,每个市和县都要坐一天的车,这样的日子过了5年,让我学会了做生意的技巧,并积累了经验。

我做过很多生意,最早做雪糕模具,之后进入电动工具行业,后来在五金城开过店铺,还开过出租车。到了2002年,我人生再一次转折,做起了保温杯,一做就是十几年。刚进入保温杯行业,我什么都不懂,只能自己摸着石头过河,什么东西都是自己做,从传统的工艺到现在的高技术、高质量的保温杯,我的企业也逐渐在这个行业立足。

（2019年1月7日,日精进第129天）

●洞见：一个人的成功从小就受身边的人和家庭环境影响，我们公司如今在保温杯行业也算有点名气，公司发展也稳定了。感谢日精进的家人们，让我知道了什么是正能量，什么是大爱！

我的过去

应紫龙

　　43年前,我出生在一个小山村的贫困家庭。家里不光穷,还因为爷爷曾是国民党军队的连长而被人批斗,被人瞧不起。父亲身体不好,在我4岁的时候,妈妈一个人撑起一家5口人的基本生活。那时候,我们经常以红薯当饭吃,一家人就吃一盒饭。

　　我5岁的时候,哥哥上幼儿园。父母要干农活,还要带上3岁的妹妹,没有时间管我。我就天天跟着哥哥到幼儿园,哥哥嫌我烦,把我当累赘,经常不管我。

　　7岁该正式上学前班了,当时学校规定每个孩子必须自己带桌子。我家穷拿不出桌子,学校不收我。于是我天天到学校,趴在窗户外面听老师讲课,过了半个多月,好心的老师便让我进入教室,给我用两块砖头、一条凳子当桌子,就这样开始了我的学习。这一举动也被一些老师、同学看不起。记得有一次,我被老师冤枉偷东西,折腾了一天老师硬是要让我承认,我最终忍无可忍,开口骂了老师,招来的是几记响亮的耳光,这对我的人生影响极大!

　　从小学到初二,我的学习成绩都在年级名列前茅。初二的第二个学期,父亲开始做一点小生意。有一天晚上不经意间听到了父母的对话,了解到了父亲一天可以赚一两百元钱,也听到了他们不希望我们学习有多好,而是希望我们能早日跟他做生意,于是我对学习有了一点松懈。初三时,学校来了几个大学生,其中一个就是我们的班主任,当我了解到她的工资每月还不到300元的时候,我就彻底放弃了学习。老师一个月的工资,我父亲一天就可以赚到,一直想通过努力学习赚钱的我对学习彻底失去了信心。

　　初三寒假,我就孤身一人来到了100多公里外的衢州,和已经在那里闯荡的父亲一起做起了买卖,我一个寒假就赚了老师的一个半月工资。当时的我更加坚信读书没用。16岁那年,我走过了大江南北的十几个省份上百个城市,每天晚上干到12点,白天就满城不停地跑,只要到过的城市,大街小巷基本都跑个遍。虽然赚了点钱可总是舍不得花,半年下来基本上每天吃的就是馒头和包子。

好景不长,不到一年生意就不好做了。于是我开始来到工厂学车床,3元钱一天,这下我知道读书还是有用的,可已经晚了。凭自己的努力和不服输的精神,不到半年时间我就学会了车床的基本技能和原理,承包了5台冲床,叫了几个小伙伴开始了第一次创业,那一年我17岁。接下来,我没日没夜地教伙伴们干活,自己修冲床、磨刀、验货、送货。可惜,好景又不长,3个月不到,因为上线老板没活,我的第一次创业失败。

创业失败后我立马就找工作开始了打工生涯。做了几年车工,当过厨师,做过机修,做过管理,最后做了模具师傅。打工生涯从头到尾13年,无论走到哪里,无论干什么工作,我都是冲在前面,成为老板最满意的员工。我不会跟别人比工资,更不会因为别人工资比我高而少做事,无论在哪里我都会尽全力来承担我能承担的责任,因为我知道打工是为了自己的未来,因为我知道一切只能靠自己!

记得我在厂里上班,有4个模具工,一个50多岁的老师傅,一个30多岁的师傅,还有一个比我大五六岁。当时我23岁,他们的工资都比我高,有的甚至比我高一倍多,在这样的组合中,大事小事却都由我来安排,不管是技术难题还是脏活累活,都是我的事。

我第一次接触模具的时候,没有任何经验,也没有人教我,甚至什么是模具,放什么设备做都不知道。永康那时刚刚开始保温杯热,老板看我聪明就给我一个任务——做保温杯模具,于是我东奔西跑,冒充应聘者或趁门卫不注意跑到人家的工厂里偷学。不知跑了多少家,白天往外跑,晚上干活,干完还要想事情,每天睡觉不到5个小时。花了40多天时间,终于把我人生中的第一副模具完成,完成模具以后,我累得连走路都没有力气,几天以后才恢复过来。

接下来的模具生涯里,我喜欢挑战,挑战新的我没有接触过的产品,只要客户有样品拿过来,我就敢接。我心里一直有几个信念:一是人家能做的,我也一定可以做起来,我不比别人笨。我起步晚,大不了多花一点时间。二是我不怕累,不怕苦,就凭着自己坚定的信念,白手起家到现在,已有自己的厂房和几十个员工的小企业了,在模具行业我也拥有一定的知名度。

（2019年1月2日,日精进第639天）

◉洞见:以前一切靠自己,未来也一样。人人都要靠自己,不要试图去想一劳永逸的方法,因为压根儿就没有。自己安逸则团体安逸,自己退步则团队退步,自己精进则团队精进。今天如何努力,明天就会呈现怎样的结果。

致在而立之年奋斗的我

陈　慧

我出身平凡，但有一对善良、勤劳、朴实的父母。我常常听到长辈说起，那时的他们是怎么生活，怎么苦。可我到现在都搞不懂，那时的父母以及大部分人，每天都很勤劳、努力地工作，但基本上都还是贫穷，经常愁吃愁穿。

或许正因为父母自己小时候穷怕了，有了姐和我之后，就想着各种办法让我们的生活变得更好。所以他们跑外省卖过东西，在厂里上过班，跟着戏班子东南西北地摆过馄饨、烧饼摊……记得在我和姐上小学后，父母就把我们俩托给舅公、舅婆照顾，他们则来到城里租起店面，开起了饮食店，做起了永康的特产馄饨、肉麦饼。从此从丽州商城到华丰菜场再到高镇菜场，一做就是这么多年。

正所谓有其父必有其子，因为父母常年做这行生意，所以我和姐很小也就学会了很多。记得那时每到星期天或放假，我们都会跑城里帮忙，那时9岁的我和11岁的姐包馄饨、煮馄饨都不在话下，父母负责烤饼。那时舍不得请帮工，如果我们没去帮忙，店里只有父母两个人，可想而知会有多辛苦。在饮食业打拼的这些年，父母除了馄饨、肉麦饼，也做过拉面和快餐。父母为人正直善良，很幸运，不管做什么，生意都很好。而我不管是读书时期还是参加工作后，一有空就赶回家帮忙。

我的父母，从我们懵懂的年纪开始，一直兢兢业业、辛辛苦苦努力工作到现在。而我呢？跟父母比起来，自愧不如。因为父母努力辛苦地工作，我和姐从小就过着不愁吃不愁穿的生活。我毕业后，也出去工作过几年，或许是安逸惯了，或许是还没上进心，每天只是把该做的事做了，然后安安稳稳地上下班，导致后来自己都厌倦了每天简单平凡的工作，最后辞掉了工作，去父母的店里帮忙。慢慢地跟着他们，我学会了烤饼、烧面条，渐渐地发现自己也喜欢上了这样的工作方式。

直到23岁那年，经人介绍认识了颜先生，并在当年就订下了婚约。我们年龄相差有点大，还听说颜先生的脾气有点暴躁，我们的婚姻不被身边的人看好，但我还是选择了他。事实证明，我没有选错，在一起这些年他一直把我当孩子般地呵护着，而且还很顾家，家里的一切大小事都由他操办。

时光匆匆，一晃我也到了30多的年纪了。而这30年来，在父母的庇护下，在先生的照顾下，我一直都没有产生任何危机感。就在这充满希望的2018年，命运跟我开了一个很大的玩笑，上天居然把先生从我和儿子身边带走了。从此我们阴阳相隔，也将我们的缘分永远定格在2018年10月31日那天。先生的突然离开，使我一下子变得跟无助的孩子似的，失去了方向，不知所措。没有先生的日子，我跟儿子以后的生活会怎样？一度沉浸在悲伤之中。

很幸运，我身边还有这么一群爱我的亲朋好友，给我帮助、给我关怀、给我力量，让我知道时间还在继续，生活还要向前。放下已无法挽回的一切，让时间来填补这些不完美的记忆。

（2019年1月9日，日精进第272天）

◉洞见：为了儿子、为了父母、为了自己，必须学会坚强，我勇敢地扮演起户主的角色。所以，我的奋斗之旅即将在而立之年起航。也许会很艰难，也许会出现我以前没遇到过的种种困难，我会勇敢地去克服一切，让自己和儿子过上美好的生活！

我仍然选择做一个好人

陈玲玲

　　我见过许多不善良的人，傲慢、偏见，但过得成功又富有。我问自己，如果不善良可以让我达到目的的话，我会和他们一样吗？

　　对于善良不善良，我们又该如何选择呢？

　　我个人的观点是，我选择善良，是因为别无选择。这听起来会觉得有点奇怪，因为每个人都有自由选择的权利，可其实所谓自由，只是一种形式上的自由。实质上，每个人的选择都是由他这个人的内核所决定的。而一个人的内核，是由他的成长环境、受教育的程度、个人的经历所构成的。这些东西在一个人的成长过程中相对恒定，所以一个人的内核相对稳定，我们以为可以自由选择为善或不为善，但其实那个相对稳定的内核已经帮我们选择了。

　　当然，如果我们选择的原因是内核，那我们选择的目的是什么呢？我认为，虽然我们每个人的内核不同，但我们每一个人选择的目的基本是一致的，那就是幸福快乐。在我们眼里，那些可以单纯为了利益，靠着强大的意志力扭曲自己的三观，硬是把自己训练成一个自私自利的人，然后貌似过得还不错，心理上也没有因为自己无情而受到什么太大的负担。我觉得就是他们的内核选择了无情可以幸福快乐，他们觉得幸福的意义来自银行卡里的数字，来自他人的崇拜，来自手里不断有钱，哪怕得来不义。

　　也许原生家庭更有利于养成善的内核，因为从小到大的经历、受教育程度都会对人的选择有很大的影响。人人都渴望幸福快乐，但每个人对幸福快乐的定义和理解是不一样的，这是由一个人的内核所决定的。我认为，人生的奥秘就在于个人要不断地发现自己的内核，知道自己是个什么样的人，怎样才能让自己幸福快乐。我觉得这也就是苏格拉底说的"认识你自己"。

　　　　　　　　　　　　　　　　（2019年1月12日，日精进第243天）

　　◉洞见：自我觉知真的很重要，只有知道自己是什么样的人，能觉知到并且接纳自己不完美或阴暗的那一面，把它们带到阳光底下来，才能去选择做一个什么样的人。

营销感悟

高　旭

感恩涛哥和老邓给我一个新的视角,去看新餐饮的市场。这半年多来,不断学习使自己和团队一起成长。做好产品不只是单纯的技术优化升级,更多的是对需求认知的优化,品类机会就是品牌机会,品类升级,将找到下一条增长曲线。能看到各大领衔品牌的创新和升级,大到海底捞的智能餐厅、西贝的全开放式厨房、味千拉面的整体升级,小到个体商家"堂食+外卖",一个60平方米的现包饺子馆月营业高峰70万—80万元营业额等的品类和品牌层出不穷,杀入所谓的红海。

当然这些都是优秀的案例,我们集团自从年初转入服务业后,几乎每天都有品牌找到我们,希望我们来做管理、托管、营销、孵化等合作。我常说别人的成功其实跟我们半毛钱关系都没有,不但要学习成功,更要去学习失败,我们以为看到的成功是偶然,但我更愿意相信成功是必然。有句话说:"都说红颜多薄命,那是因为没人在意丑的人能活多久。"如果这作为一个命题,我觉得会有无数的答案,没有对,也没有错,适合自己才重要。

对此,我总结了行业营销一些常见的误区。

1. 设计者贪念太重,总想用虚价产品拉拢顾客。(化解之道:人性贪,设计者不能贪。)

2. 不去核实、体验产品的真实性。(化解之道:自己先用,赠品有问题,严重的会把你直接打垮,好事不出门,坏事传千里。我们的赠品,从法律角度出发是你的产品。)

3. 认为送的东西越多越好。(化解之道:适宜为准,送的东西要解决你哪个方面的问题,根据需要解决具体问题,慎选品牌。)

4. 拼命抓外围,不深入思考生意不好的真实原因。(化解之道:产品质量必须过硬,否则来的人越多死得越快。)

5. 从自己出发,用想当然出方案。(化解之道:感同身受,必须做一个用心生活的消费者。)

6. 想借助外力解决内因。(化解之道:加大自身筹码,外力自来。)

7. 把活动当成救命稻草。(化解之道:活动只是润滑剂、临时工具,不能雪中送炭。)

(2019年1月16日,日精进第264天)

◎洞见:活动三部曲。

A. 简单易操作。

如:顾客看了一眼就明白能得到什么,并且不会有上当的感觉;

内部操作流程简单。

B. 利多方。

公司、员工、顾客、供应商不能都受益就不能循环。

C. 掌控节奏。

我的律师之路

郎成吉

高考成绩出来了,我考了个三本。如何选专业,报志愿,比较迷茫。父母也给不了意见。经过几天反复查阅志愿填报手册,终于在众多高校和专业中,我的第一志愿是中国计量大学的法学专业,第二志愿是湖州师范学院的心理学专业。

填完志愿,父亲问我:"读法律,做律师,是要考证的,你能不能考出来?"我说:"念4年大学,应该没问题!"

就这样,我收到了中国计量大学法学专业的录取通知书。随着开学的临近,我买了独自一人去往杭州的火车票,开始了大学之旅。记得当时买的是凌晨两三点的火车,而且还是张站票。一个人,带着行囊,坐在过道上,去往陌生的城市。当火车开到钱塘江的时候,太阳初升,江面波光粼粼,我不禁开始憧憬美好的大学生活。

刚踏入大学的校门,一切都是那么新鲜,没有了高中求学的压力,没有了父母的管束,一切随心所欲。教室、食堂、宿舍,应付期末考试时抓紧复习,偶尔旷课,KTV通宵,杭城闲逛,这是我大学前两年的常态。紧接着,得益于司考的新政策,允许在校大三学生提前报考。就这样,我们迎来了大学最重要的任务,备战司考,这让原本自由自在、没有什么压力的大学生活来了180度的大转变。

对于司考,我没有任何经验可言,除了"民法""刑法""民诉""刑诉""宪法"等14门主要课程外,加上种类繁多的各种法律法规,考试内容多到让你无从下手。司考的第一个难关,就是如何选购复习教材,司考三大本是必备,其他的参考资料、历年试题种类繁多,足以让你眼冒金星。选完教材,制订详细的备考计划也不可或缺,从每天的复习时间、复习内容,到每周、每月的进度,我都必须一一确定,并付诸行动。

买好教材,做好计划,找好战友后,就开始了司考备考之路。备考期间,严格执行"自习室—寝室—食堂"三点一线的生活方式。就这样,一天接着一天,全身心投入司考,我和我的3位战友坚持了200余天。这是大学生涯中最充实、最拼搏、最值得怀念的一段时光。也许我的努力上天都看在眼里,我以当年全校司考最高分的成绩通过,取得了律师工作的敲门砖。

我把这个好消息,第一时间打电话告诉了我的妈妈。妈妈说:"成吉,恭喜你! 以后你的人生道路还很长,再接再厉,做一名优秀的律师。"

因为过了司考,找律所实习就水到渠成。回到永康,我找了一位好律师做我的实习指导老师。一年多的实习,从最简单的事情做起,经过他的悉心指导,学到了很多专业技能,至今心里还是充满感激。

(2019年1月10日,日精进第285天)

◉洞见:从2010年大学毕业至今,进入这一行已经第十个年头,从初出茅庐的小伙子到有一定经验的职业律师,每走一步都不易。"雄关漫道真如铁,而今迈步从头越",我既然选择了这一职业,必将它作为终身事业,奋斗才刚刚开始。

家人的故事

李玉飞

　　前天下午开车送走我的母亲、舅舅、舅妈。看着他们的背影,惆怅满腹:曾经大声吆喝、严厉教导我的母亲,曾几何时已是白发满头、腰肩弯曲。几十年来跟着母亲,听着母亲说我小时候的趣事,听母亲说老人的过往,都没觉得母亲会老。可是岁月不饶人,我们都已老。

　　母亲是外婆的老么,说起她的兄弟姐妹,那是母亲的骄傲。我故意问:"为何你是农民,姨娘和舅舅都是工人?"话匣打开,舅妈急忙接话:"是因为你外婆有计划,让舅舅13岁出门学手艺。""13岁?"我问。舅妈说:"舅舅、姨娘同时考初中,姨娘考上了,舅舅落考。外婆卖了大衣橱,让姨娘上了初中,舅舅只能出门学打铁手艺,从而走进了钢铁厂。虽然卖掉作为家中娶妻之备的大衣橱,有诸多不舍,至今还在怀念这个当时唯一的家当;但卖掉大衣橱,为姨娘提高学历、提升素养创造了条件,她也才能有缘和你姨夫走到一起。"姨夫3岁失母,是瞎子奶奶带大的,新中国成立后分配了工作,姨娘从此成了人人羡慕的工人。

　　母亲可能也有很多机会当工人,也许外婆觉得就近得有个孩子吧,选择了让在姨娘家带表哥的母亲回到她的身边。我母亲也就这样嫁给了父亲,父亲有14间庭院的一半家产,写得一手好字,本该是当官的料。因在14岁那年,奶奶去世,而爷爷因小儿麻痹症,走路一瘸一拐,需要有人照顾,父亲就从永康一中辍学,开始了面朝黄土背朝天的生活。

　　我们小时候常常受姨娘家接济,穿两个表姐的衣服,暑假也去姨娘家吃点口粮,我最怕吃的是一开锅却没点油星、不见几颗米粒的萝卜丝饭。我胃口不大,没有挨过多少饿,但我大弟就天天喊饿,都快把母亲愁坏了……

　　母亲在生产队女人中是强劳力,每天拿五六个工分,起早贪黑到年底还出粮,而且年年借口粮,年年借柴火。16岁之前的我天天拔猪草、砍柴火、养白兔、养鹅,碰到下雨天我会开心地想,不用去拔草了吧,母亲却又让我拆破旧衣服,准备纳鞋底的材料。记忆最深刻的是清早天蒙蒙亮,母亲叫醒我,让我起床赶鸟。那时候生产队要求轮流赶鸟、喂牛,我这样的小孩边打着瞌睡边喂牛,手都快被牛咬掉,可我还得拍拍胸口,继续和牛较劲。也在那个时候,养成了我的一股牛劲,培养了我的顽强和奋进。

（2019年1月7日,日精进第185天）

◉洞见:那时候形成的性格,奠定了我现在的人生。

有些故事来不及开始

王晓芬

2017年是值得纪念的一年,在超负荷的工作下,感觉每个人都很累,我也不例外。这一切的问题可能就是源于我内心不够强大。

所以在今年的9月份我发起了众筹,我想通过徒步的方式来感受行走的力量,唯有放下,才能解脱,才能让一颗浮躁的心安定下来。在众筹12天里,众筹金额22800元,支持人数409人。

这12天,我想我的朋友们都很累了。因为他们和我一样,时刻关注着众筹的金额,只要空下来,就会打开链接,关注着我在朋友圈的动态,看能不能迈出挑战自己的第一步。说实话,从来不失眠的我,最近也失眠了。

我也想了很多,做这件事情,别人为什么要支持我?我又为别人做过什么?我做的事情有意义吗?通过这次众筹,我领悟到很多,福往者福来,爱出者爱返。我只知道不管最后成不成功,我都要坚持到底。

其实,背地里我也有过伤心,有过泪水和五味杂陈的感受。白天上班,打游击一样两家店跑来跑去,晚上才有时间感召大家来鼓励我,或者醒来第一件事就是发朋友圈。我知道大家已经很反感了,可是我只有继续努力才能感召他们。

众筹成功后,这次行走永康有12位家人。10月19日,我们一起前行到杭州,认识了很多人,感觉特别有意思。同在一座城,原本素不相识的人,却成了一路相伴的人。

在这4天3夜,一共96个小时,我们一起走了108公里,我们队有来自东莞、成都、长沙、扬州、海口、深圳、永康的兄弟们,这辈子,我们都会在一起,从开始第一天的"合",第二天的"悟",第三天的"信",第四天的"爱",我们都团结友爱地在一起行走。

我们队没有想要拿冠军,只想通过自己的坚持,来丈量这条茶马古道,走出不一样的自己。这条路,只有走过,方能懂得,什么该放下,什么该坚持,什么是自己想要的。生活和工作中遇到的那些事,真的不是事,只要还有一口气,都要健康快乐开心地活下去,好好生活,好好爱自己,好好爱留在身边的人,遇见真的不容易。若同行,必不负!

回到永康后不久,我在总部中心金族大厦26楼开了一场感恩答谢会,感恩帮我众筹的家人,让我对生活重新有了认识,让我体会到无论生活多艰难,都要继续前行。放弃的理由有一万个,坚持的理由只有一个。人生最大的遗憾就是没有做过的事,没有冒过的险,没有追过的梦,没有爱过的人。世界这么大,路就在脚下。不去观世界,何来世界观。

所以2019年,继续坚持,继续努力,继续奋斗。

(2019年1月6日,日精进第254天)

◉ 洞见:人生中总有一些默默为我们注入能量的人,因为有他们的鼓励和支持,我才能走到现在。感恩他们,爱他们。

精进,是为了更幸福

徐爱华

每个人的心中都有一团火。路过的人只看到烟,而你必须幸福快乐!

我把邓均的歌送给你——村口、塘边,一个抱着电线杆,眯眼望着太阳,企盼快点长大的小女孩。

一转眼,虽然你已不惑,但是在我眼里,你还是那个带着小伙伴疯玩,渴望有哥哥,沉迷于看书,极度防备又极度敞开,极度敏感又极度"二"的姑娘。

没有轰轰烈烈的奋斗,只有普普通通的轨迹,笑过,哭过,刻在记忆里。有缘走进精进大团体,人生的心灵花园中的花将更加摇曳芬芳,采摘几朵玫瑰,送给正在精进的自己。

把红色的玫瑰送给你,亲爱的爱华!红色的玫瑰代表我爱你!这是感恩父母滚烫的心,感谢亲爱的父母给我善的本质。您的孩子的灵魂是如此忠诚地追随着您。

亲爱的父母,虽然我可能长不成你们期待的样子,但是我深深知道,女儿幸福就是你们的一切。把火红的玫瑰献给你们吧!往后余生多拥抱,就像你们儿时拥抱我们一样!

把粉色的玫瑰送给你,亲爱的爱华!粉色的玫瑰代表亲切,优雅!你有柔软的心,你有细腻的情,虽然你那文艺的心比别人慢着地,却要表扬你有生活的真实。

从流水线工到企业报编辑,从编辑到为人母,从妈妈的身份到芳疗师、国家生殖健康咨询师。这20年一步步,一个女人多种身份,苦乐参半酿成岁月的酒慢慢品。

是不是人的一生要抑郁一次才能豁然开朗?突然觉得忙碌的一切都没有意义。如同漂浮在时间河流之上,四周无人,了无生趣。问自己这难道是生活的真实?

感谢姐姐的引领,走进了心灵领域,找到了迷失的自己。老师说:"这是你的真实,你积累了太多的东西,压得你只有浅呼吸。爱华,问问自己你要什么。""我需要什么?"啊!妈妈,我觉得我像您,倔强的心,再苦再累不怕,为什么我会觉得好孤寂。啊!妈妈,我需要一次痛快的歇斯底里的哭泣。

来吧,孩子。哭完了,好好睡一觉,长长吸,慢慢呼。对,孩子,吸入怜悯、包容、慈悲,呼出自责、抱怨、难受。呼吸顺畅了,心也顺畅了,世界也就安定了。学会臣服,每个人都在找与自己、与世界相处的方式。

感恩人生路上的老师,教会我保持女人柔软的特质。用心感受到先生、孩子、家人的气息。在这里我要感谢你,我的孩子。你们是我的天使,让我看到一个不断成长的自己。

(2019年1月9日,日精进第236天)

◉洞见:把黄色的玫瑰送给你,亲爱的爱华!黄色的玫瑰代表欢乐和健康。一路走来,也许老天让你体会身疲心累,是为了有更多的同理心感受,更多的慈悲心体恤。

归心之旅

郑婷琴

依稀记得2010年正月初九是女儿的周岁生日。在那一天,我怀着对教育事业的满腔热情,义无反顾地投入其中。那一年,我26岁,那股冲劲儿,还有那份自信,让我初生牛犊不怕虎。

现在想来,办学过程很顺利,口碑好、生源多,年年被评上先进单位、学区示范。因为专业,一切尽在掌握中,更增添了我的骄傲,于是走路带风,也开始目中无人。

那一年冬天,天气很冷,雪下得很厚,我坐火车来到上海参加名园长大会,全国各地共有1000多人参加。那一年,周立波在上海卫视的海派清口播得风生水起,让我心生崇拜,很想目睹他的风采。

在上海的千人场大会上,主持老师开始发问,“60后”的园长请举手,哗啦啦举起一大片,“70后”的请举手,这时少了一些。老师继续发问,“80后”的请举手,举目四望,举手的已寥寥无几。老师说,有“85后”的吗?全场只有我一人还举着手,显得突兀,更显出我傻里傻气的自信。

会后,老师找到我,他说:“小妹妹啊!要静下心来好好学习,多见见世面,你还是太年轻了,以后路还长着呢……”这句意味深长的话,直到现在还深深地刻在脑海里。

我现在会想:年轻时太顺遂究竟是好事还是坏事呢?谁也说不准。只懂专业,不懂人情世故,至今为止,依然是我的一大软肋。

那个时候,直接开怼是我常干的事。每次领导组织开会,一拨园长在一起,总有一些人以经营生意的方式在经营着幼儿园,不懂教育,只懂赚钱,还夸夸其谈,让我鄙夷,更让我不顾对方面子直接反驳。我只站在孩子发展的立场讲话,很是偏激。也因为如此,自己站在道德的制高点理所当然地指责他人。说实话,办学赚钱是很容易的,但教育是良心事业,以赚钱为目的确实是我不能容忍的。

年轻气盛、心高气傲是他人给我的标签,想来我这天生臭老九的个性想要在这片教育的海里遨游也是游得憋气,理想主义和现实主义的冲击,让我一度陷入抑郁之中,眼里容不下一粒沙子,更容不下他人。心中的那份蓝图,本以为可以描绘出理想的样子,然而不得不承认,现实令我失望,一次又一次地带来挫败感。

理想与现实需要平衡,理性和感性需要平衡。然而,在这个过程中,我失衡了。这样的状态让我焦虑,更让我恐惧,犹如活在天堂的孩子,一下子看见了人间的丑恶,却又不得不去适应。

现在想来,当时一心想要去改变他人的思想观念,一心想要将周围变成我理想当中的样子真的幼稚。如果我自己就是一束光,又何惧不能照亮他人?

(2019年1月4日,日精进第341天)

◉洞见:总要想着去改变他人,让他人变成我想要的样子,不过是想要操控他人的一种手段而已。

看不惯那么多人、那么多事,不过是因为自己还不够包容,更没有学会接纳而已。

想要圆满,本身就是一种不成熟的表现。而直面破碎,才是我们需要学会的功课。

一边成长，一边奋斗

张艺可

　　我的老家位于山东省临沂市的一个小山村，我有两个哥哥。爸爸是当兵复员的党员，在我们家附近的铁矿工作，是一名工人。因违反计划生育政策，我出生后没多久，爸爸就被辞退了。因为没有工作，他只能在家务农。

　　从我有记忆开始，亲戚就告诉我，等你长大了要好好孝顺你爸爸。我中考时失利，没有考上高中，妈妈不想我以后去干体力活，便在姨父的建议下，上了中专学会计。三年中专学完后，我在板厂做过统计，在家用电器企业做过出纳和会计等，人生中第一份工资是500多元。

　　23岁，我和先生结婚。当时他在一个气缸厂做销售，负责永康市场，我和儿子也跟着过来了。2009年下半年辞职后，老公投资5万元和朋友合伙装配割草机。因理念不同，2010年底分开各做各的，投资的5万元却没有完全收回。2011年我们再次创业，老公买了一辆电瓶车购置小配件，配件实在太多无法承载的时候，他才叫辆车帮忙。后来我哥借给了我们2万元，用来周转，再加上供应商的支持，允许我们赊账买机器，给了我们莫大的支持。当时我们的房东也支持我们，因没有钱交房租，他说先付5000元，等你们有钱了再付剩余的房租，真的很感激他们。

（2019年1月7日，日精进第43天）

　　◉洞见：创业的艰辛只有经历过的人才懂。2012年我们买了车，小儿子出生，2015年为了孩子上学买了学区的二手房，我们的日子越过越好。

奋 斗

邹伟清

日月如梭,一去不复返。回味过往生活的点滴,有快乐、忧伤、感动、痛苦等,往事历历在目,就像打翻了五味瓶,什么味道都有。总之,人生的精彩是奋斗出来的。

我出生在一个小山村的普通农家,父母都是农民,从小很疼爱我。自小我就聪明伶俐,骨子里带有一股傲气。做事不肯认输,也正是我的这种性格,让我在生活中经常碰壁。因为有这些磨炼,所以我对待生活更加乐观开朗,对人更加真诚热情。因为我知道人生每一次遇到困难,背后都有一份礼物,它只是换一个面孔来见你而已。

也许是命运的安排,也许是因为对社会的好奇,我初中毕业以后就没有去上学,学过裁缝,在工厂里上过班,也在酒店里当过服务员,但我从未停止过学习。通过4年的努力,在2003年拿到了浙江科技学院的文凭,也算是了却了我的一桩心愿。

一路走来忆苦思甜,我一直满怀感恩,生命中遇到了很多贵人,也给了我很多的机会。2002年,我在金海湾担任前台领班时,遇到了生命中的一位贵人韩先生。他是一个温文尔雅、很有素养的商业精英。他来自杭州,每次来永康都住在我们酒店,几次接触后,他对我印象深刻。有一次他很认真地跟我说,你身上充满正气、阳光、热情,有没有新的打算?想不想另谋发展?对于求知欲强烈的我来说,这无疑是天上掉下的馅饼。后来我们深入交流后才知道,他是永康两个成熟小区香格里拉、九龙景湖苑的策划总监。接下来的两年,我就在韩先生的带领下开始了我新的职业生涯。我学到了很多专业知识,白天上班,晚上兼职学电脑,有时也去听听英语课,工作学习两不误。后来,还去杭州报考经纪人,为我后来做房产经纪奠定了一定的基础,并获得了人生的第一桶金。

似乎我的前半生一直在做加法。但那个项目结束的时候,我又辗转来到了义乌,做起了外贸。在国际商贸城摆过摊,也开过投资公司,来回折腾了6年。

可因为一次决策的失误,我输得很彻底,为此我也付出了惨重的代价。接下来的几年我一蹶不振了。我用了五六年时间来调整,其间我也经常旅行,慢慢从自己的内在找回了力量。

2017年去赢心平台当教练,我才又一次重拾旧业,开始了我的第二次创业。2018年正月,在一个朋友店里做了两个月左右的挂名股东,4月份我们组建了上鼎房产。从刚开始的无人知晓,到两年后永康房产经纪界的家喻户晓,前后不过两年时间,我们经历了两次大的调整,上鼎房产还在,我也还在。

一路走来我们付出了无数个日日夜夜的努力。多少个日子,我们熬到深夜,赶制计划书、设定方案、探讨案例,多少个样品房经过我们细心设计,温暖问世。我们也从刚开始的几个人变成现在的几十号人,从一家店到现在的6家店。

(2019年1月10日,日精进第54天)

◉洞见:我们团队的口号是"诚信经营、合作共赢,努力拼搏、共享未来"。想要有多大的成就,就要学会去成就多少人的梦想,让身边的人因为我们的存在而过得更加美好。

我的人生40年

吕爱华

1979年，我出生在一个非常普通的农民家庭。我是家里的老大，还有一个妹妹和一个弟弟，我们姐弟三个的年龄差距都很小，所以妈妈经常说，我是最受委屈的那个。别人还在爸爸妈妈怀里撒娇时，我已经要学着照顾弟弟、妹妹了。连上幼儿园，我都是带着弟弟、妹妹。

我们家那边人多地少，靠家里那点地，粮食不够吃，父母就出去打零工。那时还很少有工厂。妈妈就到矿上去选矿，总是早上烧好一大锅饭就上山去了，为了多挣点钱，中午是不回家的，中午这顿就让我给弟弟、妹妹热剩饭吃。但我懒得热，总是酱油汤泡饭，随便扒几口就回学校了。看着我们三个总是饥一顿饱一顿的，妈妈就咬咬牙买了一个电饭锅，成为我们那边最早买电饭锅的人。

妈妈每天早上多烧点菜，出门前淘好米，中午让隔壁阿婆帮忙插上电。从此，我们几个放学回家就有了热饭吃，就算没有菜，只是就着点妈妈做的酱豆腐，也吃得很开心，吃得很幸福！可是好景不长，电饭锅居然不翼而飞了……

于是我们的生活又被打回了原形。没办法，7岁的我就开始学着煮米饭，够不到灶台，就搬个小板凳，后来再慢慢开始学炒菜。到十几岁时，我已经会烧很多菜了。

我再大一点，爸爸基本长年在外帮别人家盖房子，家里的活就都落在了妈妈身上。放暑假时，家里洗衣、做饭、晒稻谷这种事就基本分给我，妈妈带着弟弟、妹妹去地里干活。从小我就是能拖就拖的主，有时妈妈从地里回来了，让我干的活我还没干完，就得挨骂。

我学习成绩好，长得又乖巧。那时在学校，也算是老师眼中的红人，但后来老师把我调到几个差生中间，让我带带他们。我反过来被他们带坏了，有空就跟他们学打牌，甚至上瘾。学习成绩一落千丈，等初三后悔时已经来不及了。

17岁时，我离开永康，开始了北漂生活，一个一直在农村长大，县城都没来过几趟的小姑娘，从此开始走上什么都要靠自己的坎坷之路。

19岁那年,弟弟考高中差了两分,父母就不给他读了。本来已经和父母商量好帮我筹钱开店的。我一听到这个消息,坚决放弃了开店,苦苦哀求父母让弟弟读书,因为我不想弟弟和我一样。自己没钱,就借了3000元钱寄回家,接下去为了还债,过起了省吃俭用,连5角钱的公交车都舍不得坐,走路上下班的日子。那时的工资才800元一个月,还要花300元租房子,攒了半年才还了2000元钱。

后来换了工作,就努力攒钱。弟弟在金华读完技校后,我又把他接到北京读了工商管理。那时我已经谈了男朋友,男朋友对我弟弟也非常好,后来男友提出结婚,任性的我非要等弟弟读完书再结婚。可等弟弟读完书,我和男朋友也分手了。再后来,我觉得父母年纪大了,我不能自私地留在北京,就在30岁那年年底,狠狠心回到了已经让我很不适应的永康。

回到永康,我在商城开了童装店,第二年遇见了我的另一半,那时我已经32岁了。两个人经过努力,好不容易挣了点钱,后来因为投资失误,一败涂地。35岁时生下了女儿,一个人把女儿带到现在。

有些了解我情况的朋友会问,这么难,你一个人到底怎么承受的?我觉得其实心态最重要,如果你非要把一件事往坏了想,非要觉得自己是天底下最不幸的那个人,那你一定就是那个最不幸的人。内心都没了阳光,还怎么变快乐?人最重要的是要学会自我开导。世界这么大,比我不幸的人多的是,我算什么!

（2019年1月10日,日精进第45天）

◉洞见:虽然上天给了我很多的磨难,但我也收获了很多:有一个可爱的女儿,还有无论何种境地,我都能拥有一颗坚强、阳光、善良、平和的心。这两样巨大的财富,是多少钱也买不来的。而且我始终坚信,只要我不放弃对生活的热爱,以后会越来越好的!

民以食为天，食以安为先

应英杰

这些年来，出现了不少食品安全问题：从鸡肉里吃出了维生素，从猪肉中吃出了瘦肉精，从大米里吃出了石蜡，从咸鸭蛋里吃出了苏丹红，从牛奶中喝出了三聚氰胺。食品安全问题成为社会的热点问题，成为社会的痛点。于是有了史上最严的《食品安全法》的出台。

食品危机，危中有机，对于只为了赚钱的食品企业来说是危，对一心想把食品做好、想把企业品牌做响的企业来说是一次难得的机遇。

2014年11月，老婆把放在家里做好的角干麦饼拿去给她的朋友吃，一位朋友的话提醒了她："你做的角干麦饼这么好吃，完全可以放在微信上卖呀！"于是我老婆，江湖人称夏姐，第二天就开始试着做更多的角干麦饼，并把食品的图片发到朋友圈里，开始了卖美食的生意！2016年3月25日，老婆成立了永康市夏姐食品有限公司，同时也注册了夏姐、夏妈两个商标。一开始就有意识地走正规的品牌路线，主要也是为了让好的产品传播得更快，以便让更多人享用美食！

夏姐美食第一款产品是永康本地的特色小吃——角干麦饼，战争时期也称为红军饼。夏姐通过研发，改进了制作工艺，首先在原有食材的基础上加入了富有多种营养元素的南瓜，南瓜榨汁搅拌到面粉当中，然后再由原来的烤改为蒸，使角干麦饼成为老少皆宜的食品。

第二款食品是果蔬小馒头。五颜六色的小馒头一上市就受到了市场的热捧。有好长一段时间，夏姐美食下面的代理自己主动上门来包装。果蔬小馒头一出蒸笼，就会被一抢而光。

第三款产品是粽子。关于粽子有两个真实的故事。其一，有一个校长到我这里买果蔬馒头，我老婆叫她尝一下刚出锅的粽子。校长说，外面的粽子我都不吃的，我只吃奶奶包的粽子。我老婆说，你尝一下，帮忙提提建议。校长终于品尝了一个夏姐美食出品的粽子，吃完之后说了一句："居然比我奶奶包的粽子还好吃!"其二,有一个产妇临产前,吩咐老公道:"帮我到夏姐那里买几个土豪粽来。"一个产妇在临产前还念念不忘夏姐美食粽子的美味!

关于粽子,夏姐美食已从传统意义上的粽子向养生粽子的方向发展,比如开发小米粽、黑米粽,以后还会有更多⋯⋯

（2019年1月3日,日精进第234天）

◎ 洞见:人良为食,只有品德优良的人才能从事食品行业。只有最严的《食品安全法》真正深入民心,民以食为天,食以安为先才能真正实现!

我的奋斗历程

陈晓红

　　我出生在一个条件很不错的家庭。父亲虽是草根,但靠自己的努力打下一片天。我们家是20世纪80年代的万元户,爸爸是共产党员、县长联络员,做了30年的村支书,曾经的人大代表,现在的党代表。

　　在父亲的熏陶下,我从小就把自己的理想规划为生意人。尽管当时父亲凭他的能力,帮我安排了一份稳定的工作,可我却是一副吊儿郎当的样子。这样的表现让领导时常跟父亲告状,我索性一咬牙把工作给辞了,拿了买断工龄的3万元钱,想着自己办个厂。可办个厂至少10万元打底,咋办?父亲是不可能借钱给我的,抱着一线希望去跟前同事借了5万元,说好利息2分。当时利息2分是很高的,但是我明白,如果没有这么高的利息,凭我一个19岁的女孩,谁敢借钱给我?

　　借到钱后,我就开始了家庭作坊之路,做电动工具。每天没日没夜地干,就想着抓紧把钱赚回来,把5万元钱早点还清。一年时间里我看做内销没有发展前途,想着去南京、宁波看看外贸市场。但是人生地不熟,我就先到南京找了个宾馆住下来,再到宾馆的电话本子上找那些外贸公司的地址、电话,然后一家一家去跑。

　　功夫不负有心人,当时我不怕辛苦,一次次拜访感动了一位日本的商人。他跟我说:"就凭你这股劲,我给你一个机会。"

　　有了机会更需自己把握。接到订单以后,回永康招人,买配件,买设备,开始二次创业。

　　做外贸,时间是说一不二的。为了按时完成订单,我经常在车间跟工人一起赶工到天亮,困了就在车里眯一会儿,工厂终于在自己的努力下逐渐走向正轨。

　　然后,我就给自己制定第一个10年计划。用10年内赚到的第一桶金去实现第二个10年计划。

（2019年1月10日，日精进第4天）

🌀洞见：我很感谢曾经的历尽沧桑，曾经的年少轻狂，曾经的不畏险阻，终于可以守得云开见月明。所有的事情都是一段考验。看清楚自己的心，看清楚自己的道路。不要总盯着别人的道路，你没有任何资格去阻止别人的道路，你只能走好自己的道路。

忆当年

朱惠利

1999年9月，生完孩子一个多月了，离开校园已有8个年头的我，将再次踏上求学路。温州医科大学函授大专在永康卫校开课。我心里无比兴奋，当时求学的情景至今历历在目，每每想起悠然神往，痴痴发笑。

那天晚上6点的课，我早早做了准备，踩着单车兴冲冲地奔向卫校。带着初为人母的羞涩，我裹紧内衣，故意穿着平时的衣服，不想被别人知道。

课堂上，久违的黑板，熟悉的书桌，浓浓的学习气氛，老师潺潺如流水的讲解，特别悦耳动听，我仿佛回到了学生时代，心无旁骛的学生时代！

两小时后，接近下课，此时右侧乳房好痛，等老师宣布下课时，奶水不顾场合，滴滴答答地流出来了。好尴尬，我连忙抱着书本挡住前胸，极速地踩着单车回家，一路上随着单车的震动，到达家里衣服前胸已经湿透了。

给宝宝喂奶时，小家伙半睁半闭着眼睛，猛吸。怎么停下来了呢？宝宝好像在说："妈咪，今天的奶水太好吃了，跟以前咋不同了呢？""是啊，小宝贝，今天的乳汁里蕴含解剖课程里的知识，更美味更营养了。以后还会增加更多的课程营养呢。"宝宝幸福满满地睡着了，嘴角还挂着奶汁。

先睡吧宝贝，妈咪还要温习功课。

（2019年1月11日，日精进第3天）

◉洞见：作为一个刚生完孩子的妈妈，我鼓起勇气，踏上了新的求学之路。

我的故事

胡大军

也许是机缘巧合,也许是上天注定,自从踏进车行的那一刻起,我便跟汽车结下了一辈子的情缘。都说上天给你关上一扇门的同时,也会给你打开另一扇窗,生活真的是如此。

记得1997年的那个夏天,我独自一个人背着行囊离开了那个最初的梦想,从一家国有企业辞去了工作。不知所措的我去学开汽车考了驾照,后去车行应聘,结果就这样莫名其妙地上了班,与车的情缘就这样开始了。

车行的工作简单,每天学习擦车,记配置,练沟通,培训销售,一切都是围绕客户开展工作,日复一日,从最初的实习生,到6个月后升为销售经理。当你做好自己时,幸福总会不期而至。因为自律,因为勤奋,短短半年时间,我快速学会了与人打交道的技巧和解决问题的思维。这半年,我相信努力是不分早晚的,不论从什么时候开始都是有价值的。也是在这时,我下定决心与汽车不离不弃。

一个人有决心不一定有力量,下定决心也不一定有力量,而坚持你的决心才有力量。不知不觉走过了10个春秋,那一年是2007年的春天,我来到永康,一个既陌生又似曾相识的地方,一个让我梦想成真的地方,一个让我生根发芽的地方。我选择义无反顾、满腔热情地带着我的理想投入我的工作,从最初的一个客户,发展到6000多个,我用了不到5年的时间,其间不知道流了多少汗水,熬白了多少头发,经历过多少困难和挫折。我深信,坚定自己内心的那份信念,不忘初心,时间会给你最好的答案。

几年来的经历,让我明白,企业要持续长久地发展,就必须以人为本,一切以客户为中心,用心用爱去服务;让我明白了世间所有的收获和好运,都是自己积累的人品和善良所带来的。

这几年中国汽车进入了衰退期,车企、车行都开始不景气,我又开始了新的探索和尝试,转型升级是企业发展的唯一出路。在这个时代,老板最关键的职能是掌控方向性战略,推动关键性的创新。于是我响应国家政策,节能减排,绿色出行,我扬帆起航,开始了新能源汽车的新篇章。

此时的新能源汽车,市场一片空白,很多人都不了解,市场上也没有先例,完全靠自己带着团队在摸索中前行。但我坚信,只要利他,利社会,利国利民,企业就应该去做,这是一份有未来、有意义的事业,我们公司应该勇立潮头,顺势而为。在2018年的新能源布局中,我先后拿下了北汽新能源4S店、长安欧尚4S店、长城欧拉4S店、一汽新能源4S店。2019年,还会有更好的品牌陆续投入,现在的公司同时经营平行进口车和新能源两大板块,相信公司在未来的汽车行业会越走越好。

以前的我,把职业当成了爱好;现在的我,把爱好当作了职业。我爱车,爱它的样子,爱它的机械,爱它的文化。不管是便宜的,贵的,老的,新的,我觉得从一台冰冷的机械变成一个人情感的寄托,是很神圣的一件事。从事汽车行业17年,一如既往,坚持如一。这就是我,一个有情怀、始终如一的男人。

(2019年1月28日,日精进第1843天)

🔸洞见:总结这么多年的坎坎坷坷,企业持续发展,有几点是我一直在坚持的。

第一,不忘初心,永不放弃。永远只做与汽车相关的事情,即使遇到再大的困难和挫折,都选择接受、面对、战胜。

第二,保持一颗爱心,永远为客户着想,客户才是企业的天;永远为员工着想,员工幸福才能保持企业的活力;永远为社会着想,给社会增添力量,尽一份社会责任。

第三,感恩之心。感恩客户,感恩朋友,感恩员工,感恩一切的帮助。

第四,坚持学习,结交朋友,不断拓展自己的人脉,把成就别人当成人生的一大乐趣。

第二辑

夏天队

我的服装梦

李 君

我老家在农村,母亲生了三个孩子,姐姐、我、弟弟。因为上面有个姐姐,母亲怀第二个时就很想生个儿子,所以提前把名字取好了,叫李军。后来生下来是个女儿,才改为君子的君。父母把我当男孩子来养,我比较好强,做什么事情都想做得比别人好。上小学的时候,我一直都是三好学生,学习成绩一直都名列前茅。

有一次母亲参加家长会,由于对什么都不讲究,她穿得很难看,而同桌的妈妈穿得洋气,让我觉得好没面子。那时候我就在心中许下心愿:以后我一定要把自己打扮得漂漂亮亮的,要穿得很合体,让女人成为一道亮丽的风景线。

大学毕业后,我很快出嫁,并生了一个男孩。当孩子上幼儿园的时候,我开了一家属于自己的七彩服装店,每天非常开心地在服装店里穿着自己喜欢的衣服。客人进店以后,我帮他们搭配美丽的一套衣服,让他们像换了一个人似的,心里就有了满满的成就感,幸福洋溢在我的脸上。因为喜欢,所以开这个服装店一点都不感觉累。

别人都说开店容易守店难。开服装店,一年365天从来没有休息,天天在店里忙。从一开始30多平方米的小店,慢慢做到800平方米的大店。从刚开始的夫妻店,慢慢变成了有十几个员工的服装卖场,我也慢慢转型为一个管理者。我渐渐认识到,没有丑女人只有懒女人,尽可能把自己打扮得干净、精致、时尚,令人愉悦。其实,三分长相,七分打扮。如果不注意自己的形象,懈怠了,放松了,那么魅力也就减弱了。做一个精致的女人,注重外表的同时,更应该注重内心。只有这样的女人才是精致的女人,这样的女人才更使人赏心悦目。我们是时尚的传播者,美的打造者,形象的引领者!

（2019年1月4日,日精进第1906天）

◎洞见:衣服是一种语言,可以表达女人不同的内心世界,不同的衣服、不同的搭配呈现出不同的状态,有时候换一件衣服就会换一份心情。注重自己的形象是对别人的一种尊重,也是对自己的一种尊重。

曲径通幽处

杨其卫

1992年,永康的电动工具行业刚起步,我高中一毕业就投入了电动工具的推销工作。第一站是广州,记得那是8月份,我用手提袋背了几台电动工具样品出发。广州的天气比永康热得多,到了以后在火车站附近的一个小旅馆住下。这个小房间估计只有5平方米,因为它最小最便宜,所以每晚才10元。

我买了张广州地图,以火车站为中心,背上30多斤重的样品机,先公交车一路坐过去,选个好一点的位置,目不转睛地盯着外面看有没有卖电动工具的店,有合适的就用笔记下站点和地址,到终点后再返程进店洽谈。每天早上6点出发,晚上基本10点回旅馆睡觉,天气热得让人睡不着觉,可人太累了,一躺下就睡着了。

白天在外面跑时,感到胸闷不舒服,我知道自己中暑了。没人帮我刮痧,自己又不方便,我就独创了独门绝技:用手猛拍胸部,直到胸部通红,痧气本身应从肩颈出来的,现从胸部出来了。这一招到现在还在用,还传授给了不少人呢。

就这样大概跑了十几天,我把整个广州城的店基本跑遍了,可工具一台都没卖出去。店里的老板都说:"这段时间生意淡,之前都有合作的人,每天来推销的人也多,你这工具又是新牌子,给我赊一部分账也不要。"当时永康发出来的货已到广州火车站,等我拿提单去提,两头都有事情,这让我尝到了做推销员的无奈。

也许我的努力感动了上天。一次从广州到佛山,我买错了车票。原先车都从路宽的新线路开,可我误买成从老线路走。老线路路况差停靠站又多,而且还在修路,知道的人都不会从这条路走。在这条路边上开的老店,来推销的人自然就很少。我进去跟他们聊完后,他们都愿意进点货。经过20多天的努力,我终于把带的大部分电动工具卖了出去。

就这样,靠着这股韧劲,我在以后创业中一往无前。

(2019年1月23日,日精进第1803天)

◉洞见:我总结了几点。一是做什么事都要考虑天时地利人和。二是要想销售做得好,不管思维还是行动必须与别人不同。三是吃得苦中苦,方为人上人。这是我人生中经历的一小段,酸甜苦辣构筑了人生,人生就是前半生不断地去经历,后半生卖经历,而高手就是能将别人的经历为自己所用。

顺势者乘风破浪

应广周

一个行业的发展趋势关乎企业的发展方向,甚至生死存亡,作为企业人不得不察。

每一个新潮流到来的时候,每个企业都不可避免地被影响。就像飓风中心的沙石,无能为力地被裹挟着上下翻滚,随波逐流。

然而,假如我们能先人一步预知趋势,了解正在发生的、未来将会发生的,那么就能提前调整企业的战略,轻松应对未来商业世界带来的方向性、结构性的变化。

当前,互联网已经影响和改变了我们社会生活的方方面面,大到国家的发展战略,小到个人的生活方式。比如购物,现在足不出户,就可以买到世界各地的产品,甚至一日三餐,也可送到家。又如,出门旅行等,可以不带现金,一部手机就可全部搞定,这在以前是不可想象的。

接下来随着5G技术的成熟和推广,它会给我们带来怎样的改变呢?如果说4G改变了人与人的沟通方式,那么5G就是改变了人与物的沟通方式。5G网络速度变快,它是4G速度的100倍,下载一部高清电影只需要1秒钟,网络连接视频等将实现实时联通。汽车将成为一种智能终端,无须人工驾驶,你坐在车里可以处理你自己的工作或者和家人聊天,开车的事就交给汽车好了。网络还将与家里的所有家具接通,出门在外只需要遥控手中的设备,家里的空调将自动开启,窗帘和窗户将自动打开,你一挥手,电视机也就打开了……

另外,随着人工智能技术的不断突破和推进,自动设备、机器人等将进入工厂的生产环节,也将走入千家万户,它将帮我们完成很多体力劳动,也将淘汰掉很多人的工作岗位……

所有的这些技术突破,必将让我们的社会、生活、环境等产生翻天覆地的变化,而对于我们企业人,又该做何改变? 如何铺排? 如何取舍? 如何适应趋势呢?

(2019年1月3日,日精进第836天)

◎洞见:人类历史洪流浩浩荡荡,顺势者乘风破浪,前路大道康庄;逆势者头破血流,直至消亡。

不甘平庸,崇尚奋斗

楼小婉

回忆过往,一幕幕往事浮现脑海。

小时候,父母常年在外面做生意,这一做就是二三十年。从3岁开始,我就跟着外婆一起生活,父母常年生意亏损,导致我们家算是比较贫穷的,衣服、袜子破了又补,补了又穿。因为外公去世早,所以家里所有的重担都压在外婆身上,外婆要下地干活,还要把我拉扯大。在我7岁时,别的娃都还沉浸在父母的宠爱和怀抱中,我已经能站在凳子上自己烧火热饭吃了。外婆是别人眼中的女强人,家务活、外面稻田打理得井井有条。她对我也有严格要求,家务活干不好,或者捣乱不听她的话,肯定严惩。所以从小我就特别懂事,从小学开始自己经常放学了去工地搬砖头,两只小手每次能搬5块砖,从一楼到三楼,一趟能赚5分钱。虽然手经常破皮流血,但是一看到手上紧捏的5角、1角,我就特别满足。除了搬砖,我还帮别人捆香菇棒、采茶……外婆的严厉,造就了我从小就非常独立。

由于学习成绩不是特别优异,父母也就没让我再上学。初中毕业以后,我就跟随父母南下广东。进入工厂,由于没有任何工作经验,加上只有初中文化,所以只能在流水线上工作。日复一日,经常加班到半夜,但那时候一点都不觉得累,起码可以不用伸手问父母要钱。

由于十分想念家中的外婆,特别每每听到她身体不适,心里就揪心般地难受,毕竟是她一手把我拉扯大的。再一次听到年迈外婆生病的消息,我终于按捺不住,在广东待了两年就急匆匆赶回家,并在离家不远的地方找工作。

2002年,我拉着一行李箱来到永康这个陌生的城市。从开始的服装厂缝纫工、电动工具流水线装配工到业务员……由于工作不稳定,一餐吃5角钱的菜或者泡面是家常便饭。让我记忆犹新的是,在永康的服装厂做缝纫工时,为了多赚钱,车衣服的速度非常快,就为了多抢些活多赚点钱。当车间主任告诉我,这半个月的活全部得拆掉重新返工时,刹那间,委屈的我,一个人偷偷跑到厂边的桥上整整哭了两个小时,发泄过后,重新回到岗位,做该做的活。

第二份工作是在大徐村的一家电动工具厂里,工资比之前的服装厂高很多,按件计算,有活干的时候每月能拿1000多元,那是我当时拿到的最高工资。但是由于经常没活干,后来又跳槽去跑业务……同乡有一姑娘,有一天和我说:"小婉,我们既没有背景,也没有学历,光靠自己的话得想办法呀。宁愿在办公室做一个月赚500元,也不愿意做流水线赚1000元一个月。""为什么?"她说:"接触的人不一样。"她的话我听进去了,先找了一份网吧收银的工作,之后又跳到了一家厂里做了办公室文员,也就是这份工作开始了我人生的转折。老板娘说其实本来是不想招我的,说我一没文化,二不会电脑办公软件。她说第一眼看我感觉特别亲切投缘,所以就用了我。虽然拿着500元一个月的工资,但是老板娘看我为人诚实肯干,就把我安排到她儿子的广告公司去学了办公软件,以及如何在阿里巴巴诚信通接单等。在这边做了两三年,确确实实学到了很多东西。她是我人生遇到的第一个贵人。

之后偶然的一次机会,我又应聘到永康某知名房产公司做售楼人员,也就是这时候学会了如何去销售。同事经常笑我傻,说我专干一些他们都不乐意干的活。在房产公司待了整整4年,我的老客户经常介绍新客户给我,所以我的业绩做得非常不错。

之后我结婚了,虽然我俩家境都不富裕,但拼搏了几年,用自己手上的一些积蓄买了房,装修的时候接触了家装建材领域。朋友就建议我出来单干,不甘平庸的我想着,就这样上上班总是不能实现自己的目标与理想,于是就投身建材行业。原来开一家店并不是我想象的那么简单,自己还有很多不懂的地方。可惜走不了回头路了,无数次想放弃,但是第二天起床的时候,我又会扪心自问,你不做这行,又能去做什么,只能咬咬牙坚持。

刚开始组建的团队人员波动大,没有任何管理经验的我经常冲员工发火,还不放心他们做的事,结果自己累个半死,成效还不是很大。慢慢地,我开始转变思路,学会了放手,并和店里员工经过磨合,形成了合力。这个过程很长,其中的艰辛和酸楚只有自己清楚,看着公司一天比一天好,团队一年比一年壮大,感觉自己的付出都是值得的。上天其实是公平的,感恩这一切都是最好的安排。感恩小时候外婆对我的谆谆教导,感恩人生中遇到那么多帮助我、鼓励我的人,感恩所有的遇见!

（2019年1月10日,日精进第73天）

◎洞见:虽然如今也没有达到理想状态,但是我相信只要通过自己的努力,自己想要的肯定会实现。感谢加入了日精进,感谢有这么一次能让我回忆过往的机会,没有华丽的言语,但都是内心最真实的经历。

奋 斗

姚巧英

我出生在一个男权家庭，父亲很出色，母亲很善良。从小看到父亲出门赚钱，回家后就可以做自己喜欢的事情。母亲每天早出晚归，兢兢业业，还要做家务活。我看到了母亲的不易、父亲的悠闲，对比之后，我从小就给自己定了一个目标：要一份工作，不用赚很多钱，回家可以做自己想做的事情，不要为了家务忙个不停。没有销售经验的我从来都没有想过，自己会做别人看来销售工作中最难的一种，也没有想到自己会做得如此出色。回顾自己19年的保险工作，我总结了以下几点。

1. 简单。工作两个小时就可以自由活动，我一听心想这就是我想要的工作。我那时只想这份工作可以顺便带孩子，从来都没有考虑过，没有人脉和钱脉保险工作怎么开展，也没有想过会不会不好意思，我就想先试3个月，不行就回家。这成就了我19年的保险工作乃至一辈子。

2. 听话。我是一个很听话的人，公司说东我就往东。我觉得自己开不了公司，公司领导的智商一定比我高，所以我听话就好了。我想说听谁的话很重要，当时公司说每天只要见3个人，不管是否买，你见完就回家，我就是这么做的。

3. 行动。每一次和客户从陌生到熟悉，再到无话不谈，我很享受这个过程。每一次在做的过程中会出现很多错误，我就在错误中不断总结，不断成长。

4. 专注。一个人什么都想干，结果一件事也没干成。一个人必须专注于一件事。我属于那种比较笨的人，19年来，很多人劝我做别的事情，我从来都没有动摇过。因为我知道自己就这点水平，只能专注做好这件事。一件事，一辈子。

5. 学习。马云说："2018年的你是领导不了2019年的你的。"我对学习有很大的渴望，不过我不会乱学，一个爱学习且不会学习的人比不学习的人命运更糟，所以爱学习一定要会学习，为教而学，学习的内容一定要落地6个月以上才有可能是你自己的。

6. 团队。一个人可以走得快，但一群人一定可以走得更远。23岁加入保险业，26岁时有人找到我，一起筹备保险公司。一开始我说我不会去的，我从来不跳槽。后来，我想保险行业这么好，我要给千家万户送保障。万丈高楼平地起，我去当兵可能最多后悔3年，不去我一定会后悔一辈子，这个决定成就了我今天的团队。

7. 信仰。为什么一直以来，我一心就只做保险？那是因为保险对于我来说，不仅仅是一份工作，更是客户对我的一份信任。对客户来说，这是他对家庭的一份爱和承诺。每一次看到轻松筹，我都在想我们还有很多路要走，我会继续努力。

8. 感恩。我有今天的点滴成绩都来自我身边的人，一路走来特别感谢我的客户对我的厚爱和包容，很多客户都说他本来是没有意向的，不知道为什么听我讲完就买了，感恩遇见他们。

（2019年1月7日，日精进第1775天）

◎洞见：2018年已经过去，2019年才刚刚开始，我会继续努力奋斗在自己的岗位上，为我的客户提供更加专业的服务，带领我的团队一起去开创更美好的明天，做一个自尊、自信、自爱的新时代保险健康规划师，选择保险业奋斗，遇见最好的自己。

长风破浪会有时

柳小勇

我的企业是国内防盗门锁最大的生产厂家,也是行业标准制定单位。作为第二代继承人,很多人都会认为我是"富二代",坐享父辈创下的基业和财富。其实了解我的人,都不会有这样的观点,因为我有我的奋斗史。

1992年,我小学毕业,父亲白手起家创办锁厂。1997年研制全自动防盗锁,这是中国第一把真正意义上的防盗锁,这也成为当年公安部唯一向全国推荐的防盗锁具。各地防盗门厂争先恐后采购,与我们合作,产品一度供不应求,生产规模迅速扩大,当时月产10万把,是全国名副其实的行业老大。就在这时,外协厂供应的锌合金拨轴出现批量断裂的严重质量问题,但这批货已经发到全国各地了。接到投诉后,企业迅速派出全体员工更换,门厂陆续退货并停止合作,防止出现大批量的退货潮。

2002年3月5日,对我来说是个终生难忘的日子。我正在华东政法大学的校园里念书,却接到了父亲的通知,如果我和大哥不回公司的话,就要关闭工厂了。那时,我正准备考律师资格证书。经过一番思想斗争,我办了退学手续,离开了我热爱的华东政法大学。当时我也并没有觉得委屈,选择回家是考虑到家族的传承,可能在我心底,家业还是重过了学业。

中国有句古话,打仗亲兄弟,上阵父子兵。父亲的一句话让我毅然决定,退学回来与父亲一起共渡难关,我大哥是浙江大学模具机械专业毕业,到公司后,大哥负责技术开发,我做业务员。首先,我要从最基础的业务工作做起,拿着刚开发出的样品锁就去门厂推销。我刚走出大学,加之我们厂的"质量门"的影响,推销产品是件非常不容易的事情。一次次被客户拒之门外或者当面数落,在无数次被客户拒绝后,我脆弱的心灵深受打击。但是想到父亲年轻时候做工艺艰难的岁月,他都勇敢地挺了过来,我重新振作精神,鼓起勇气。功夫不负有心人,终于感动了客户,签下了我人生第一个订单,这个客户是我20多次被拒绝后再次努力下的结果。我非常感恩这位客户,到现在我仍心存感激。有第一次的成功,公司产品销路又重新打开,当年实现产销4000万元。第二年我全面负责销售工作,重新组建销售队伍,建立沈阳和成都办事处,产销实现翻一番。2005年1月,父亲退居二线,工厂这副担子交到了我的肩上。我当了总经理,全面管理公司。我的目标是把传统家族企业向现代化企业转型。我回公司17年来,企业实现了年产值从3000万元到3亿多元的飞跃,成为全国最大防盗门锁厂家。

受金融危机的影响,许多企业出现资金困难,甚至纷纷倒闭,我们企业依然逆势增长。这一切源于我父亲"踏踏实实做人,实实在在做事,做自己该做的事情,挣自己该挣的钱"的观念。因此,我们企业一如既往坚守实业,拒绝银行的巨额贷款,拒绝房地产高额利润的诱惑,拒绝丰厚回报的高利息,耐住寂寞,抵制诱惑,一心一意扎根企业,狠抓内部管理,投入资金搞研发,培养人才,继续开拓市场。

(2019年1月4日,日精进第1782天)

◎洞见:我从来没有当自己是"富二代",无论如何我们都应当努力奋斗,不管父辈是否给我们留下家业,如果自己不努力,一切财富都会挥霍殆尽。只有自己奋斗过了,才能传承父辈的精神;只有奋斗过了,才能积累自己的经验,丰富自己的阅历;只有奋斗过了,青春才不会后悔。

突破只在一念间

应小娃

从事建材行业将近20年，走来一路艰辛，心酸只有自己知道。自从加入了建材行业就没有回头路，回想自己经历的这些年，至今历历在目。特别是作为一个女人，有很多的无奈与不知所措。

刚开始选择做建材这个行业时，在西站国际装饰城租了一间100多平方米的小店面。当时永康物流不是很发达，所有陶瓷品需要亲自到潮州采购。刚开始与供应商不是很熟悉，他们经常会掺杂一些残次品和破碎品，每次都要亲自把整车货重新拆包检查。货到了永康后，自己卸货、自己销售、自己安装，其中的艰辛只有自己知道。一年的收入除去房租、人工、仓储等开支，所剩无几。作为一个母亲，要面对一家人的生活开支，还要面对厂家销售任务的压力，同时也要面对周边的同行竞争，自己心里很清楚，如果不努力很容易被同品类淘汰，所有的一切将付之东流。

于是，我开始寻找新的突破口。1999年8月，我开始代理国内一线品牌，坚定认为只有走品牌之路才能走得长远，竞争更有优势，这也是全国品牌发展的一个大趋势。首先，我开始想办法扩大店面。第一个困难就是资金的问题，我找所有亲朋好友借，借到的钱也是杯水车薪。我只能破釜沉舟，把房子抵押从银行贷款。然后，我把所有资金投入扩大店面，店面扩大以后才知道，这只是万里长征第一步，接下来人员的招聘、团队的打造，不只是经营一个夫妻店这么简单。面对这些问题，我一点经验也没有，以前从不出差的我，开始走访外地，向那些优秀的经销商学习。

经过这些年的艰苦创业，我在永康市建材行业也有了一席之地，从100多平方米的小店到目前3000平方米左右的卫浴旗舰店。很荣幸的是，在2017年12月，德国汉斯格雅、唯宝两大品牌与公司签订永康代理经营权，对于公司来说更是如虎添翼。从一个夫妻店到现在近30人的团队，品牌门店可以说像我的小孩一样,培养了近20年,终于修成正果。

(2019年1月12日,日精进第71天)

◉洞见:从一粒小种子到一棵参天大树,其中经历过的风风雨雨,我无法用言语来表达。在这个大浪淘沙、泥沙俱下的时代,未来的道路依然任重道远,每走一步如履薄冰。但是,我对未来的市场越来越有信心。我相信我有20年的经商经验与沉淀,再大的风浪我也不会惧怕!

坚持的力量

陈莉萍

1999 年，我刚进入餐饮行业。在创业初期，对行业不了解，会面对很多诱惑和无奈。有一天，厨房师傅对我们提意见："猪肝和肉放冰箱冻硬了，切出来好看又均匀，我做厨师这么多年都是这么做的。"可我一次次苦口婆心地说服他们坚持新鲜切，虽然不均匀，但保留了食材原本的鲜味和最佳口感。经过很长一段时间，厨师终于练出新鲜切均匀的技巧了。因为我坚持了原则，改变了厨师对食材的理解，还提升了他们的切配技能。

在选食材要求上，我们三鲜面里是 60 元一斤的鲜虾。有一年，父亲来帮我买菜，他精打细算，了解市场后悄悄地跟我说："萍，按你的要求活虾价格高，市场上运输中刚死颜色还没变的虾要便宜十几元一斤。我帮你算了一下，买这样的虾，一年下来成本可以省 5 万元。"

对父亲而言，5 万元是天文数字了。我当时听了很担心，如果说服不了他，以后他一定会买死虾的。寻思了几天，我终于找到一个好办法："爸爸，你每天去买活虾那个老板娘会不会帮你做广告，广告词就是'我们从来不买死虾'，这个广告值不值 5 万元？如果你买了死虾，她也会去传播。你认为哪个值呀？"父亲被我说服了，从此买的都是活蹦乱跳的鲜虾。

我的餐饮店原来先吃完再买单，现在先买单再出餐，这是我们借鉴大城市连锁餐饮店的结果。我们出去考察看到很多餐饮店用收银机点餐不用手写，还方便对账。考察结束，我们立马购置了机器，我们方便了，但老顾客有了意见。一些老顾客就是要先吃完再付款。这下把我们的收银员弄蒙了，哪些是付钱的，哪些没付，搞不清楚了。一周过去了，被顾客骂是常事，有时还被跑单弄得心情乱糟糟。我和爱人说："我们还是先吃再买吧，这样会赶跑客人的，我们自己也吃亏，每天都有跑单。"爱人说："慢慢来，因为客人习惯先吃后付，第一次遇上先买后吃，你让他先付觉得没面子，但只要第二次来就会先付的。"此后，我们坚持了 4 个月，顾客慢慢接受了这个点餐方式，也为餐饮店发展连锁经营打下了最关键的基础。坚持是有力量的,也是能出成效的。

（2019年1月14日,日精进第1726天）

◎洞见:每一次做升级,我们都坚持让最后一个客人理解,我们相信时间能改变一切。现在每一个员工心里都有一个信念:为子孙后代,我们的蔬菜货源全部是有机蔬菜,我们有责任为每个顾客把好食品安全关,健康! 安全! 美味! 专业!

奋斗轨迹

黄文英

回看一路奋斗的轨迹，数不清的遗憾背后也有无数的骄傲和自豪。无论如何，都要感谢这个时代。

1992年迎着邓小平南方谈话的春风，我逆向闯东北推销校具，凭的就是一股不向生活、不向命运低头的干劲。

2001年，我回永康开了间碗行，源于对生活的热爱，希望集全国最美瓷器，美化餐桌文化。2008年，因市场需求、客户期望，我们转向酒店用品，服务于金丽衢浙南区域酒店用户。这时我毅然转让了碗行，专注于新的领域。

2009年，为满足优质客户对宴会布草的创意、工艺需求，外行的我投入了酒店桌布椅套的生产。没想到2013年我们设计生产的免烫椅套，在上海国际酒店用品博览会上一炮打响。从此，我的桌布椅套就不再只是酒店用品中一个配套板块，这诱发了我对餐饮布草行业的深度思考和专注打磨。2014年，公司又以"青花瓷中国风"在广州琶洲展馆掀起了民族风。

到了今天，每个接触过我的记者都会好奇地问："你们凭什么服务G20峰会？凭什么服务多场国宴？"我自己也不知道。如果靠跑项目，像我这么一个做手工布艺的女人，都不知道筹备组大门朝哪开。如果说服务G20，凭借七星岛布艺品牌的中国风调性，符合了国宴民族风格调脱颖而出，再到服务成功，还真的不止靠工艺、创意。第一次服务国宴，唯有靠永不言弃，一路坚持，直到胜利。

从G20到金砖、博鳌、习莫会、习金会、上合峰会，在服务中我们与筹备组结下了战友般的信任与默契。政府给我感谢信，还帮我推介，这才一路风光，一路成长。

回看一路打拼的轨迹，我一路走一路追寻，一路走一路扬弃。到2018年7月30日，我又放下了经营18年的酒店用品，狂热地只做餐饮布草，并自定义为"餐饮布草革新者"。

（2019年1月5日，日精进第1837天）

◉洞见：回看奋斗轨迹，放下过往，只为更专注、更清晰、更轻松地再出发。放下，蕴含着30多年奋斗带来的自信，再出发，只做布艺。怀揣奋斗者的狂热与坚定，做一个餐饮布草革新者，这是我对这个时代、身处酒店行业的责任。我自奉信条："学别人，永远无法超越别人；只有做好自己，才能超越别人。"我会不畏革新之艰，笃定前行。

致奋斗中的自己

倪春景

20世纪70年代,我出生在地地道道的农民家庭。爷爷嗜赌,听奶奶说,爷爷经常会把家里的钱都拿去赌。在我父亲还很小的时候,爷爷就去世了,是饿死的。在那个年代,奶奶能独自一人养大三个孩子,真的不容易。由于条件差,父亲30岁才娶老婆,41岁才有了我,虽然条件不好,但我很幸福。父母都是吃苦耐劳的善良人,我还有两位姐姐和一位哥哥的疼爱。

那年,我6岁,哥哥8岁,父母让我们全部去田里干活。他说只要我们勤劳肯干,一定不会饿肚子,而且还能致富。只要我们全家人一条心,以后的生活一定会越来越好的。由于父母特别努力节俭,在我上初中的时候,家里已经造了两层小楼。从刚开始的吃不饱饭,到有多余的钱造房子,只用了短短几年时间。

毕业以后我的第一份工作是去恒丰公司总厂上班,工资待遇都很好。我还在工作中,遇到生命中最重要的人,我们相遇、相识、相知、相爱。1998年,我结婚生子。我们相识的第二年,爱人辞去工作,去驾校学车,后来去亲戚家的厂里当司机,再后来他去做销售跑业务。一家三口虽然平平淡淡,但也算是有车有房,过得很幸福。

直到2001年,看到身边很多朋友都离开公司去创业,也许是自己在公司多年了,没有更好的发展空间,我提出了辞职。在丽州商城转租服装摊位,说干就干,当时爱人觉得太辛苦,反对我干,但我还是信心十足。做了两年后,爱人让我去他公司的门市部上班,工资高还舒服,那时他的收入已经不错了,我也想有更多时间陪伴孩子,于是就答应去上班。

在五金城九街开始了我第三份工作,这里和商城卖衣服还是很大区别的。可能是工作环境的改变,接触到的人不同,公司的门市部塑粉销售接触的客户来自全国各地。我慢慢去了解产品,遇到不懂的爱人会教我,我学得很快,也喜欢上了这份工作。一年后公司老板把门市部给我们。于是我们就开了夫妻店,我负责在店里,爱人负责出去跑业务。这一年业绩增长速度很快,于是我又想到了创业,我们商量着现在还年轻想闯一闯,不管失败还是成功都是我们的经历。爱人也觉得有道理,于是,我们找老板说出了想法,他很干脆地答应了。我们非常感谢老板夫妻俩,他们是我们的引路人。

2005年,我们开始创业,租厂房,买设备,找技术员,非常辛苦,但干劲十足。我们找二姐来店里帮忙,我有空也去厂里,第一年我们送货没找司机,平时都是爱人送货,他有时出差跑业务,只好我自己送货。由于驾驶技术不精,经常还需要门厂老板亲自帮我倒车,可能是因为年纪差不多,又都是刚开始创业,身边有很多帮助我们的人。非常幸运,也赶上那个好时机,我们经过短短几年的努力,有了点小成就。2008年,我们买了别墅;2009年,买了店面,2010年,在龙游买了厂房。生意也越来越好,越来越稳定,一切都朝好的方向发展。

也许是我的人生一切都太顺利了,也许是生活条件好了,人生总会遇到一些挫折吧,也许是自己把太多的时间放在工作上,忽略了身边最亲近的人,不知道爱人什么时候迷上了赌博。正当我们的生活越来越好,我觉得拥有最幸福生活的时候,被现实打破了。我哭过、闹过,但最终我认为他心里已经根本没有我的时候,我也应该放手了。经过一年的相互折磨,2013年,我们母子俩开始了新的生活。

刚开始我非常勇敢地面对一切,工作、生活都还不错。不过短短几个月,孩子上了高中,每个星期只能回家一次,他回家是我最开心的日子。我害怕孤单,也恨自己太没用,放不下过去,白天还好,忙着工作什么都不想了,可到晚上静下来的时候会想很多,久而久之经常失眠。看了很多医生,尝试过很多方法都不见效,慢慢地对待工作也没有以前那种干劲了,再后来身体越来越差,对工作也没那么用心了。这些年特别要感谢姐姐、姐夫,还有其他一直没有放弃我的朋友。

(2019年1月10日,日精进第625天)

◉洞见:2016年底,贵人引荐我进了一个企业家联合组织。2017年4月成为精进人,感恩所有的一切、所有的遇见,让我重新有对工作、事业发展的兴趣,让我不再抱怨,学会感恩。

孝顺不是百依百顺

陈　涛

"你呀,长大了我的话都不听了。"母亲说。

"您像我这么大的时候听外公外婆的话吗?"我反问道。

"也是,我当时若是听你外公外婆的话,就不会嫁给你爸了。"母亲愣了一下,满脸幸福地说道。

…………

记得奶奶在世时这么评价我,她说阿涛真奇怪,爸妈让他做什么就做什么,也不反抗。那时的我认为,百依百顺便是孝顺。

长大了,我开始思考什么才是真正的孝顺。是在人前主动喊声甜甜的"叔叔、阿姨"吗?是对父母的要求无理由地应允吗?是儿时父母给自己画个"圈",不跑出这个"圈"吗?

我们行孝,不是为了让他人给自己加冕一个"孝子"的称号。我们都需要明白,每个人都是独立的个体,虽然依附于父母,却独立于父母。孝顺并非百依百顺,我们都有对其"Say no"的权利。

爸觉得我外向,什么事都相信我,愿意让我去尝试;妈觉得我内向,不愿让我去冒险。我爸妈,一对夫妻对待我却有两种认知。我因父亲的信任而欣慰,却也理解母亲的舐犊情深。当父母与自己意见不一,甚至他们自己的想法都有冲突时,我们是否可以尝试着挣脱他们的怀抱呢?

愿我们都能人格独立、不惧外界眼光。

(2019年1月14日,日精进第1232天)

◉洞见:孝顺并非百依百顺,同时我们与父母之间不仅仅是亲子关系,更是独立、平等的生命体。

感恩遇见　一路前行

吴剑平

1999年,我们夫妻俩在紫微南路利用自建房创办了酒店,以"打造精品、塑造连锁名店"为经营理念,以"品优价实、诚信经营、绿色环保、安全健康"赢得了永康百姓的口碑。通过近20年的不懈努力,我们店已逐步发展成为当地家喻户晓的知名品牌酒店,综合实力最强、规模最大的酒店连锁企业,每年接待人数180多万人次。

20年来,我们把酒店当作终身职业来经营,也把员工当成家人来培养和守护,每一名员工在紫微都能得到关怀、欣赏、鼓励、尊重与信任,一直跟随酒店成长的中高层管理人员就达159人。

2012年,我们引入"天道、师道和孝道"的人文理念,以感恩文化引导员工,用心服务感动宾客。为了弘扬感恩文化,我们率先在永康推行"员工父母养老金"补贴机制,对工作满两年以上的员工每年给员工父母寄一笔养老金,替员工尽孝道。每年这项支出达30多万元,已经坚持了7年,此举得到了全体员工及员工父母的拥戴,也受到了社会的一致好评。在保障员工发展的平台方面,我们与全国著名的酒店培训机构"中成伟业""大禾印象"合作,成立了企业冠名的"商学院",致力于培养一流的酒店精英。在这个平台的培育下,我们店现持有总经理资格证12人,厨师证50人,营养师资格证25人。多年来,大家都知晓了我们的酒店"不是打工的地方,而是创业的平台""不是赚钱养家的机会,而是培养老板的摇篮"。"共同创业与共谋发展"吸引了无数年轻人加入团队;"请进来与走出去"的培训方式开阔了员工眼界,并让员工快速成长;老板思维与绩效机制激励着员工努力提升效益;充分信任与大胆授权锻炼了一批优秀管理者;勇于创新与敢为人先的管理模式让企业不断发展。酒店在努力打造"人才发展战略、品牌提升战略、产品升级战略"过程中,真正体现了"坦承、积极、付出、共赢"的企业价值观。

我们深知作为一家酒店餐饮连锁企业,不是做好产品、做好服务就可以的,更多的是让百姓健康、安全消费的社会责任。我们把"民以食为天,食以安为先"作为己任,首家斥巨资推行"厨房4D现场安全管理体系",引领永康餐饮厨房革命,实现"透明厨房量化管理",助力永康食品安全走在全省前列。

我们还成立了产品研发中心及采购配送中心,建立了专用的食材检测中心,与G20峰会绿色蔬菜专供基地合作,采用"基地＋专业合作社＋农户"的模式运作,实现食材自产自销,以"从田间地头直接到紫微餐桌灶头"的保鲜保质理念,把准源头,确保食材更新鲜、更安全。同所有供应商签订了协议书,对食品品质提出明确的要求,一旦发现有供应商把不好的原材料送到紫微,将永远取消其供货资格。我们采用统一采购、统一配送的方法,真正做到了从源头上杜绝食品安全隐患。"让百姓消费更放心"深得人心,连续多年,我们是永康"两会"、中国五金博览会、国际门博会等重大会议及节庆活动的定点接待单位,也是永康人民较为信赖的"我家厨房"、浙江省工商企业信用AA级守合同重信用单位、省级餐饮服务食品安全示范单位、浙江省食品卫生等级A级单位、浙江省最佳贡献旅游企业。我们酒店也成为永康餐饮业的标杆和对外宣传的窗口。

(2019年1月10日,日精进第1795天)

◎洞见:我始终认为自己是领导,也是一线员工,凡事亲力亲为。每天工作十几个小时,我必须好学上进、不断进取,我的精神也会潜移默化地影响广大员工,一大批志同道合的人才会为实现"百年老店"的理想而奋发图强。

成长小记

陈浩宁

日子像书一样一页页地翻过去，很少有时间停下来回味过去。从学校到社会，从迷茫到坚定，从怀疑到信任，从为人子到为人父，从平淡到幸福，虽然经历的时间不长，但很开心在这个和平的年代，我能够细细品尝自己的成长和收获带来的幸福。

2013年，那年大三，学业轻松了许多，我开始随波逐流地找工作。当时并没有很明确想要从工作中得到什么，所以找的工作很杂。我学的是国际航运，除了单证员，还做过早教、餐饮等，当时只是想尽量多积累一些社会经验。因为确定不了自己到底该如何选择职业，2013年的暑假过得很迷茫：是随大流哪个职业热门从事哪个，还是把自己喜欢做的事发展为自己的职业，又或者是回家帮助爸妈打理生意？

2014年，大学毕业后我去了一家公司做外贸跟单员，学做外贸。一是外贸比较热门，做得好的接单员薪水都不错；二是和大学学的专业也能搭上边，不至于从零开始。3个月时间，我过着朝九晚五的生活，外贸业务也渐渐熟悉了。父母打理钢材生意，加之工人少，又扩大了店面，事情一多，回家看到爸妈每天晚上都要工作到很晚，有分歧的时候很容易产生矛盾。有一次父亲出差，我请假在家帮忙打理生意，才发现这工作有多么繁忙，才深刻地理解了父母工作的辛苦，更何况他们的年纪越来越大，做事只会渐渐地力不从心。父母从我还没出生就开始做钢材生意了，从租的一个小店面发展到现在的数千平方米的仓库，这其中饱含他们无数的心血，不可能叫他们放弃。虽然他们也默许我自己去开创一片天地，但我清楚至少这需要比较漫长的时间，成不成功还不知。一边是未知的未来，但有可能实现自我价值的机会；一边是逐渐年老的父母，但是他们用心血搭建了一个平台。想通了这些，心就放下了，坚定了自己要挑起家里大梁的信念。

刚开始的时候，我得不到员工的认可，因为不论是专业能力，还是管理能力都很欠缺。当时除了睡觉,脑子里面想的就是两件事,一是了解自己卖什么,从熟悉钢材的规格、型号开始,了解各个种类钢材的用途,以便更好地向客户介绍;二是思考怎么卖,尽量多地跟客户沟通,吃一堑长一智,学习别人的谈话技巧。很开心在这一过程中得到了员工们的认可。

（2019年1月9日,日精进第839天）

◎洞见:虽然没有跌宕起伏的工作经历,也没有走南闯北的生活阅历,但是在这平淡的生活中,体会到了安稳的幸福。感恩父母,为我提供了工作的平台,并且为我创造了良好的生活条件。

奋斗不止的便是青春

陈梦静

为明天做准备,最好的一种方式是总结过去的智慧,把今天的工作做得尽善尽美,这是奋斗中的我。总结过去的难度在于面对,活在当下的难度在于静心。今天我以打开心扉的方式,来面对自己曾奋斗过的这20多年。

一、奋斗的第一个10年,得之用之

20年前的生日,我得到了一个礼物,打开画轴看到一幅艺术字:人的一生全靠奋斗,唯有奋斗才能成功。这是我第一次接触奋斗,让我知道了未来想要做好一件事,离不开奋斗。

这幅字挂在我的房间里,陪我走过初中、高中和大学时光。凭着"唯有奋斗才能成功"的信念,我把学习成绩追赶到了班里前三!功课、友情、班级里和学生会里的工作都可以干到最好,这导致了我那时张扬傲慢的性格,也从不服输。大学时早早完成自己的成绩目标,第一个考出英语六级,提前半年毕业,并回到永康实习。

这个10年,奋斗带给我的意义是让自己活得轰轰烈烈,惊天地,不枉费青春。殊不知,任何行为对未来而言都是有因果和代价的。

二、奋斗的第二个10年,取之靠之

"君子爱财,取之有道。"这是老祖先留给我们的宝贵精神财富和忠告,取财必须要靠自己的努力奋斗和务勤守法。参加工作的前3年也是我最快乐的时光,因为努力奋斗在工作中获得的不仅仅是知识,还有财富、能力和人缘等。凭借着这个奋斗法门,每天工作12小时以上的习惯,我获得了一些成功,成了一名出色的业务员,还帮助父母还清债务,帮助哥哥们找到稳定的工作,协助家里盖起了房子。我更是打开眼界,去了世界上很多国家。

当我开始怀疑自己,觉察到自己缺乏了为人处世上更正确的价值观时,很幸运遇到了生命中的很多贵人。他们是我的爱人、朋友、同事、老师和师父,还有很多默默关心和支持我的人,是他们的帮助和鼓励让我意识到,在奋斗中,除了获得物质的理想,还有自己的心灵成长。他们也是这样,通过奋斗一步一步稳稳地成就了自己。他们的出现让我重新获得了人生奋斗的意义。悟到这些道理后,我开始启程为修行自己而努力奋斗,为更好地帮助他人而奋斗。学习管理知识,不断了解和提升自己,做公益,参加阿里公益分享等,让我在事业上获得了更多的成功,企业也慢慢走向越来越正规的高速发展路线。无论路途多么艰辛,无论前方有多少障碍,我都不会放弃奋斗,因为我明白:我的人生我选择,我的选择我负责。

这个10年,让我懂得了尊重和负责,获得了事业成果;在挫折中,我学会了面对自己、面对未来。奋斗的青春,很美好!

(2019年1月26日,日精进第105天)

◉洞见:"路漫漫其修远兮,吾将上下而求索。"追寻真理、修行自己的路很长,我应该百折不挠、不遗余力地去探索。奋斗的路上,幸运的降临总是让我感恩,很荣幸在我开启新的10年之时加入了永康市精进文化协会。行路有良伴是一条捷径,我很幸运能与这么多在路上的会友一起提高自己。

在加入的这100多天里,我看到了这么多人从每天面对与觉察开始,让自己的心从错综复杂的大脑神经控制下解脱出来,放下傲慢、怨恨。自立立人,自达达人。只有自立的人,才能负责任地爱自己,负责任地给出自己的爱,并帮到他人。

在奋斗中成长

楼爱燕

从小我长在一个开心幸福的家庭里,父母生了我们兄妹3人,我是家里的老小,上面有2个哥哥。父亲是一个头脑比较灵活的人,20世纪80年代,就去外面闯江湖养蜜蜂了。母亲带着我们兄妹3人,在父亲不在家的那几年里,一个人扛起了家里所有的事务。正因为有了母亲的勤俭持家,我们兄妹都养成了勤奋刻苦的习惯。

20世纪90年代初,父亲回来创业办厂。刚开始,他办了一个钢窗厂,2个哥哥学校毕业后就协助父亲一起办厂。那个时候都是他们自己在车间做电焊工,每天起早摸黑地骑着自行车到客户那里去装拉门和钢窗,碰到雨雪天经常摔跤。

到了20世纪90年代中期,父亲改行办了一个特种钢冶炼厂。因为是跨行业,没有一个人懂技术,新办的厂没到两年时间就进入濒临倒闭的状态。交不起电费被供电局停电,更还不起银行的利息,父亲受不了这个打击,生病住院了。而那个时候,我刚刚高中毕业,就回家协助哥哥一起创业。那时候我白天在厂里做仓库员,晚上做化验员,自己的内心有个想法很强烈,一定要把这个企业做好,这样父亲的身体才能好起来。

那时候的日子异常艰苦,我一个20多岁的小姑娘独自到外面结账、收款、送货,自己一个人坐着大巴车、火车卧铺到山东、天津、广州等地跑业务。有时半夜起床,跟着开拖拉机的司机去送货,有时跟着大货车跑几天几夜的路程送货。从小父亲带着我一起经商,让我有经营头脑,那个时候公司的所有员工都比我大,因为是重工业行业,他们都是男人,所以经常取笑我是小孩子管大人。

后来公司逐渐好转了,银行贷款利息也还清了,公司回到正常的轨道,父亲的身体也恢复了。

没有父亲的培养就没有今天的我,没有父亲打造的平台也没有今天的我。虽然我做得不是很成功,但是我们能够把企业维护好,得到稳健发展,特别是这几年外部环境经历风霜雨雪,我们依然能够生存,而且去年开始,全公司厂房全部改造成功并投入生产运营,这全靠我们兄妹搭档,我有一个做事情很敬业的二哥,他带领我们一起把公司做强。

（2019年1月10日,日精进第324天）

◉洞见:吃得苦中苦,方为人上人！因为刚创业时,我们很辛苦,所以我很珍惜现在拥有的一切！我们兄妹会继续努力把公司做大！

奋斗者的英雄主义

颜胜元

很幸运,我从小生长在一个完整而且相对富裕的家庭,有幸见证整个家族与中国改革开放共同进步与发展的整个过程。虽然在农村,但父亲是村里最早开始做生意的一批人中的一员,也是最早开办工厂的创业者。在我出生时,家里早已经解决了温饱问题。在我出生的第二年,父亲就和其他两位合伙人在村里一起创办服装厂,母亲和村里的许多妇女都成了厂里的职工。父亲在外跑销售,而母亲则在家忙着裁剪衣服。所以,我小时候的记忆就是一个人在厂里的碎布堆里玩耍。在20世纪80年代初,3位合伙人就早早成了大家羡慕的万元户,住上砖瓦房,买了电视机,还开上了摩托车。

后来由于市场原因,父母开始转型做农机配件,家庭式作坊的生产方式,家就是厂,厂就是家。所以印象中父母从来没有好好休息过,工作几乎就是生活的全部,在家里的谈论也都是工作。20世纪90年代初,父母在镇上工业区买了厂房,我们全家也从村里搬到厂里,依然以厂为家,工作依然是生活的全部。现在常听到人们说工作需要与生活平衡,而父母一辈子的平衡就是把所有的一切投身于工作,并从中找到价值感。或许这就是上一辈人的平衡,也正是父母如此艰苦创业的精神,深深影响了家里的3个孩子。

由于自己是家里的小儿子,我可以花更多的时间去读书和自我追求,所以我在英国念完研究生后加入一家外企工作。2006年,在父亲和哥哥的召唤下,我加盟了父亲的企业,开始组建新的汽轮事业部。创业与在外企工作的确有非常大的区别,原本在外企每天出入光鲜,而回来却是每天压力巨大。我从销售和生产一线开始摸索,走了不少弯路。一开始做销售,就被客户骗走百万巨资,市场的残酷现实直接给了自己一个巴掌。那时开始,才学会谨慎和风险控制。钱被骗了,订单也没了,我只能背着包去迪拜跑市场,不认识任何一个客户,仅仅听说这边有市场需求,就跑过来去一家家门店推销。迪拜的夏天特别热,大街上四五十度的高温下,每次走进门店都需要鼓起很大的勇气。功夫不负有心人,在多次的重复拜访后,我终于在中东打下了客户基础,也让汽轮的生产逐渐走上正轨。

但好景不长,2008年金融危机爆发,导致东欧和中东的主要客户拒收,并出现订单锐减等一系列问题,公司不仅面临着订单枯竭而停产的局面,也面临着货款损失的资金问题。就像中国的发展一样,从来都不是风平浪静的。后来经过自己飞到各个国家与客户协商和转运等措施,总算把损失降到最低。这次问题的解决也促使我们下了市场转型的决心,这才有了后期在其他中高端市场的发展。

选择了创业,就总得面临着挑战。在后面的发展中,企业也面临着多次转型和调整,我们企业遇到了许多难以想象的困难,但终究每年都在进步。理想与现实的落差,冲动与理智的权衡,欺骗与诚信的冲突,黑暗与光明的平衡,创业路就是从不纠结到纠结,再从纠结到不纠结的成长过程。就像罗曼·罗兰所说的,"生活中只有一种英雄主义,那就是认清生活的真相之后依然热爱生活"。或许这就是中国改革开放的奋斗者们的成长心得。

(2019年1月20日,日精进第1713天)

◉洞见:作为改革开放的一代人,我们是幸运的,因为时代赋予了我们机会,才有我们生活的改善和事业的成就;同时也是痛苦的,因为开放带来的竞争与压力,压垮了不少人。随着世界格局的变化,过去的机会逐渐消失,但新的机会也逐渐形成。

细思中获得的喜悦

陈秀强

奋斗很辛苦,但是也很快乐。快乐是内心的成长,不断地洗去自己已有的成果,不断地蜕变,才能成为更好的自己。

这些年我越发感到在工作中人要有一颗谦卑的心。尽管自己作为公司的负责人,是员工的领导,但更要具备这种素质,哪怕在具体事件中自己的理由很充分,也要礼让他人三分。

我曾经遇到这样一个设计师,我给予他优厚的待遇,可他总是和周围的新老同事无法融洽地相处,他总是说自己是对的。我相信他的才能,不过作为一名设计师,应该更好地和他人沟通,才能设计出好的作品。我先认可他,在不断地沟通中让他看清事情的真相,从而改变他待人处事的思维,渐渐地他看到了自己的缺点和不足,现在和同事相处愉快,个人才能也在进一步提升。

有时候我也难免会和员工生气。我们企业是从事服务业的,很多人都问我遇到"教不会"的员工怎么办,我这里也有员工三番五次在同样的问题上出错,我和管理者都特别头痛。用过处罚手段,比如大会时点名批评,也好言相劝过,我们从未放弃过他们。

企业做到一定程度,让员工成长所付出的成本应该由企业来承担。因为企业发展的目标除了获取利润,也需让员工共享企业发展的果实。对管理者来说,这也是一次成长的机会,这个过程虽然痛苦,却收获满满。

（2019年10月6日,日精进第1937天）

🌸洞见:企业不仅给员工提供岗位,同样也要服务于员工。如果有一位员工没有被服务好,他个人的带动效应不可小觑,他的情绪会辐射周围一二十人,自然就影响了企业的发展。

没有什么不可以

王　旭

成长，或许是一条漫长的道路，但它一定是回报最为丰厚的选择。

什么样的企业适合合作？

什么样的简历才能够称为优秀的简历？

什么样的猎头，才能够称为专业？

猎头行业，一个站在第三方角度，审视企业和人才的行业。

猎头分两端，客户端与人才端，我是猎头行业少数走得快、两端都做的新手。不了解企业，如何寻找人才？既然要了解，那就签了协议坦坦荡荡地了解。

商场如战场，我所接触到的都是行业领军人物，他们都是征战沙场多年的将帅。我在第一次签协议的时候便多次碰壁，庆幸自己的坚持，才有了人生中第一份合作合同。在合作中，由于社会阅历太浅，不懂企业里的人情世故，又多次碰壁，那一瞬间，想过放弃。师父开导："既然知道问题在哪，就要想办法解决，不要轻言放弃。"

其实内心非常清楚，我并非工作不顺利而想放弃，而是我的退缩让自己感到焦虑。面对突发事情，新手上路，我不够勇敢，不够自信。

所以，更多的是在责怪自己，不够优秀，我想给客户最好的服务，想给人才寻找最合适的企业，给了自己太多的压力。一直在疏导自己，学会原谅自己。23岁的年龄，敢与年产值十来亿的企业总经理直接谈业务，敢与上市企业人资负责人谈业务，并都很成功。我做得已经非常棒了。随着时间的沉淀，对行业的深度了解，以及知识的增长，这些会带给我力量。

（2019年1月15日，日精进第520天）

◎洞见：成长，或许是一条漫长的道路，但它一定是回报最为丰厚的道路。

全力以赴让生命更精彩

成菊平

　　我出生在一个偏僻落后的小山村。1987年从学校毕业后,我非常幸运地进入了一家国有企业,成了别人眼中有着铁饭碗的技术员。经过3年的努力奋斗,我成了企业的高管。但在我的内心深处,有一颗不安于现状的种子,我必须做出抉择!

　　在父母的责骂声中,在领导同事不解的目光中,我"砸"了自己的铁饭碗,离开了单位。我从朋友那里借了1000元钱,租了一个3米长、0.8米宽的房子。准确地说,那不是房子,而是在人家的屋檐下,开出了一家小小电器店。每当下雨天,破旧的房子里到处是水。记得有一个晚上,狂风骤雨突降,把整个屋檐都掀翻了,所有的电器都泡在水里,损失了2万多元钱,那可是我一年的血汗钱呀。我伤心得几天吃不下饭,但不管怎样都击不垮我奋斗的决心! 一切从头再来!就像蜘蛛结网,就像蜂儿采蜜,就在这风里来雨里去的日子里,我全力以赴地拼搏着、奋斗着!

　　1999年,我在市中心租下了300多平方米的店面,有了30多名员工;同时还在市中心买下了有屋檐有地基的住房! 第一次的抉择我成功了,我收获了破茧成蝶的喜悦。我感谢自己人生中第一次正确的抉择,我更加坚定了全力以赴让生命更精彩的信念!

　　人生中的第二次抉择很快就来了。虽然我的收入增加了,商店的规模做大了,可是我慢慢发现我女儿的学习成绩、兴趣爱好全落下了。因为工作,我根本没时间陪伴她们,平时孩子回家要听写、检查作业,很多时候我都在催促:"写好了吗? 快点! 快点! 妈妈要去做生意了!"这个时候我没有犹豫,我知道鱼和熊掌不可兼得,我要的是什么。现在,我毅然决定放下我的事业,全身心地陪伴两个女儿成长。

　　记得那个时候每个学期我都会购买两套英语书,其中一套是我的,在书的封面上会写上学生成菊平、老师李彦萱,让孩子做我的老师。每天孩子回来完成作业后,她就用小黑板给我上英语课,我也学着发音、写单词、听磁带。我还让女儿出试卷给我考试,目的就是让她在教我的同时,巩固和提升在学校所学的知识。6年的时间,我的朋友在逛街的时候,我陪女儿一起学习;我的朋友在打牌的时候,我陪女儿一起练长笛;我的朋友在游山玩水的时候,我陪女儿一起学舞蹈。我和女儿手拉手,心连心,一起成长。2011年,我的小女儿参加全国群众舞蹈比赛,荣获第一名! 2012年她以优异的成绩考上了金华外国语学校;2013年,大女儿也经过努力奋斗,非常顺利地考上了公务员! 我没有选择尽力而为,我选择全力以赴,我不想让自己留下遗憾,特别是对家人的遗憾,幸运的是我做到了!

在2015年我又来到了人生的十字路口,面临新的抉择! 外面的世界已经发生了翻天覆地的变化,我也不再是当初无畏无惧的黄毛丫头,是卸下担子享受悠闲的生活,还是怀揣梦想再次扬帆起航? 在2015年的4月,我和伙伴一起在总部中心成立了永康沸达洲公司,趁着互联网的浪潮,再一次勇敢走出来,进行二次创业。一个不懂互联网的"60后"做互联网,真是天大的笑话! 随之而来的是讽刺、讥笑、攻击、拒绝等! 但是我用一颗平常心接受一切,用感恩的心修炼自己,我没有退步,我必须勇敢地挑战自己! 突破自己! 逼自己一回!

在好友的引领下,我主动走入了学习的场所! 通过学习来提升和完善自己。在家做了10年家庭主妇的我,已完全与社会脱轨。我必须加倍努力和付出! 早上晨练队,白天到单位,晚上企盟慧! 通过学习,自己的能量得到了提升! 我从学习中吸收老师们的精髓和智慧为我所用。通过短短4年时间的努力和奋斗,如今我们的公司已飞速发展并走向辉煌!

(2019年1月9日,日精进1156天)

◉洞见:全力以赴可以让生命更精彩。幸福是奋斗出来的! 努力总能遇见最好的自己,越努力越幸运,越努力越有回报,越努力越有价值!

不甘寂寞　风雨兼程

林巍峰

曾用文字记录过创业的辛酸，也曾用文字炫耀过取得成绩后的自满。光阴荏苒，时不我待，在人生奋斗之路上已走过近一大半了。

日历不留任何情谊，翻开了新的一页，2018年已渐行渐远。

在每年的岁末，总有一些事无形中让我充满忧伤与惆怅。惆怅上一年，努力不够，收获欠佳；又容易带上对新一年的期许，期许未来一年变成新的模样。

每年，每当我换上新的挂历时，总会在新一年到来之前提醒自己写下新年的愿望，努力去追梦，圆梦！

有时，我会在夜深人静的时候，孤身躺在床上，闭眼去回望生命中一路奋斗过来的点点滴滴！去回忆生活中的分分秒秒。

自从懂事的那一天开始，一个想改变、想要出人头地的我，从学校毕业后，为了梦想与希望，去过工厂、走过乡镇，最终下海经商。年少轻狂，努力拼搏中让我风生水起，并不满足于现状，只身闯荡苏北房产。

可是，岁月无情，它狠狠地给了我一记耳光，让我痛彻心扉。从此带上切肤之痛，回到家乡。创业的失败，不知让我痛哭了多少个夜晚，家人的安慰与陪伴又让我静心回望，于是我狠下决心：不甘寂寞，不甘从此消亡。

时光静好！生命安好！

新的一年，我要把时间继续用在努力与进步上，而不是去泡饭庄，去坐麻将房，应去书店阅几本书或培养禅舞与唱歌的兴趣……总之，别让无聊毁了未来的自己。

其实，细想人生，最幸福的事莫过于通过自己的努力奋斗，把一切都变成自己想要的模样。

当你努力使自己变得更好，你会慢慢地发现周围的一切也在渐渐好起来。

人活着总要为世人留下点什么。当生命终结时，少留下一些遗憾，少留下一些悲伤。

于是,趁着青春仅留的一点尾巴,趁着即将西下的夕阳,我将继续风雨兼程,去寻找自己的一片天空,去寻找一片我爱的净土!

（2019年1月10日,日精进第2039天）

◉洞见:2019年,我将继续着创造财富的故事。

相信时光不负有心人,星光不忘赶路人,快乐属于追梦人。

2019年,愿你继续追梦,但愿梦醒时分,会梦想成真。

全力以赴的力量

陆　平

什么是全力以赴？

有个故事，一对父子走路，前方一块大石头挡着去路，需要推到边上去。父亲说："只要你全力以赴，一定能把石头移开。"儿子使足了劲，也没能移开石头。父亲又说："你全力以赴了吗？全力以赴了吗？"儿子不服气地说："我全力以赴了，石头太大……"父亲又说："我就站在你旁边，为什么不叫我帮忙呢？……"

什么是全力以赴？

想尽一切办法，用尽一切可用资源，坚定信念，直到成功。

1989年，我正好初中毕业，家人都说让我继续上学，可我想要学开车。也许是从小就受父亲的影响，父亲在部队开车，回村后就开着中型拖拉机跑金华。每天晚上总有人过来说，要父亲带带他。

我和家人说开车能帮助别人，又能见世面，还能挣钱，是个不错的职业。我的认真说服了家人，他们同意我去学开车。可了解后才知道，学开车必须得18周岁以上，而且学费要七八千元，并且报名的人太多，要等上很长时间。刚好那时有学车床的机会，不要学费，当学徒就有300元一个月。可我想到的是汽车总会有故障的，如果自己能修那多好呀，一心想要去学修汽车。最后经过父亲介绍，我来到永康汽车修造厂，当了学徒。可想学开车的念头一刻也没有停止过，我到永康联运公司驾校报名时，把年龄虚报了一岁，顺利报上了名。那时学车的人真多，等上半年、一年很正常。通过努力，1991年3月，我得到去金华汽校学习理论知识的机会，那时学开车要学一年时间，其中6个月理论知识、6个月道路驾驶。经过半年时间的学习，交通法规与机械理论都取得了满分，顺利进入道路驾驶学习。又经过半年时间，在1992年，我如愿拿到了机动车驾驶（实习）证。

实习期的一年，必须在有驾驶证的人陪同下，才能上路驾驶。到1993年，我拿到了正式驾驶证后，我与家人商量想自己买辆车跑运输。家人全部反对，一是家里没有钱买车;二是我太年轻,家人不放心。我就和家人说,没有钱可以去借,我保证还,我都20岁了,应该去闯闯了。说服了父亲后,我就带着父母去亲戚、朋友家借钱,借条我自己写。亲戚、朋友看我父母的面子,东两万西三万地凑了14万元。

1994年2月,我到湖北十堰买了辆东风大货车,开始了跑运输的征程。那时跑长途拉货也不知道哪里来的力量,两天三夜不睡觉也不累,就这样通过一年的努力,我把所有借来的钱全都还上了。

(2019年1月10日,日精进第1108天)

洞见:回想起这段经历,当时的我根本不知道什么是全力以赴,只有一个信念,学开车能挣钱。为了达成目标,想尽所有的办法,也找了很多关系,通过长期的努力,最终达成目标。

我想只有坚定自己想要的,并且是真正想要的,才会找各种方法来努力。最关键是问清自己,是真正想要的吗?若是,那全力以赴吧,请相信全力以赴的力量!

癌,让我变得坚强而淡定

徐柳春

2011年3月1日,我躺在病床上,我的姐姐出去帮我买吃的。护士刚好送来一张消费账单,我随手拿来一看——乳腺癌,我以为自己看错了,又看了好几遍,脑子里只有不相信、不可能。

老天爷不会对我这么不公平! 从小我认真做事,从不说一句假话,在村里是一个乖乖女;长大了,在企业里全力以赴,不怕辛苦,每天加班到凌晨三点,店不关门,我不休息。为什么? 为什么? 我沉默了。姐姐回来看到了我的状态,就已经知道了一切,她哭着告诉我,昨天手术8个多小时,医生当时就确诊了。

到了中午,亲戚们都赶到医院,我居然一滴眼泪都没流。家里的老母亲给我打电话,我更是不敢接。十几天,我一直没接她的电话,我知道自己一开口说话,她就会知道我有事,怎么面对她? 嘴巴里的呼吸机卸了下来,才发现用纱布捆着的胸部已经没有了乳房,医生叫我出院,过几天再来化疗。

夜,很静,站在五楼的窗边,看着处在不同方向的几家分店的大致位置,我流泪了,老公说卖掉吧! 有那么一刹真想卖掉。从8名员工一直到现在1000名员工,这些成绩是多少个日日夜夜拼搏出来的,卖掉公司,我们的员工怎么办? 跟着我十几年的高管怎么办? 纠结、痛苦、无奈、后悔……后悔自己拼命工作,后悔自己宁愿不吃饭,也要把工作做到极致,后悔自己从来没有旅行过,后悔自己没去过咖啡厅,后悔没时间好好陪过父母,后悔自己没好好睡过觉,后悔自己没时间好好陪女儿,女儿才12岁,怎么办? 辛苦攒下来的钱,还没时间花过……

2011年4月10日,进行第二次化疗的时候,头发大把大把脱落。我问医生可以不剃掉头发吗? 再苦的药都没事,可医生劝我把头发剃光,因为掉头发不卫生,还请来了理发师,帮我剃光了头。看到镜子中的自己,我情不自禁地大哭起来,整个楼层回荡着我惨烈的声音,我不想活宁愿死。手机短消息提示声音响起,是两位最优秀的店长发的:"春,我知道你生病了,千万要挺住,你可是我们的支柱,我们的灵魂! 你好好养病,我们向你保证,一定比你在店里时还要做得好,业绩连年上涨。"

好暖心的短信,我看了一遍又一遍。一个平时最油嘴的高管也发了短信:"春,你记住了,就算我们没有你优秀,就算真的业绩下滑,就算关门了,我还是跟着你。只要有品牌,我们就可以重新来过,反正这辈子就跟定你,我会用比平时多好几倍的努力,来守住这个店。"

化疗时,整个胃都像要吐出来似的。手指甲、脚指甲都变黑了,就像乌骨鸡一样难看,体重降到90斤。

我鼓起了勇气,召集了高管到家里开了个会,如果高管真要走,也没有办法。我能读出高管们的内心是恐惧的、忐忑不安的,眼神中透出了心疼、害怕。

但最让我感动的事发生了,他们把整年的目标、计划都已经写得清清楚楚,交到了我手中,还个个写了保证书,保证不出任何差错,保证业绩上涨三成。

一年过去了,他们确实做到了。员工们救了我,他们的支持和鼓励,以及亲人们无微不至的照顾让我战胜了病魔。亲人们最常说的一句话就是,你累了,老天爷让你休息一下,平时生小病你不在意,只有这样,才可以让你停下来。在两年多的化疗中,我没有倒下,我反而把企业从低端做到了高端。企业和我都活过来了,到后来才知道,我是乳腺癌晚期,能活下来就是奇迹。

(2019年1月12日,日精进第1599天)

◉洞见:正如我店的招牌缅姿秀泰一样:勉(缅)励自己,以成功的姿态秀出自我。坚持不懈,永攀泰山之巅,永不放弃,从不拖拉,从不让自己偷懒。

爱上银满缘

应灿英

我的妈妈命很苦,但是骨子里的那份坚强,让我明白生活一定要靠自己。妈妈在很小的时候就没有了母爱的温暖,长大后妈妈却样样拿得起。她对我是万般的宠爱,从未让我受过苦。记得爸爸经常出门在外做手艺,家里的农活都是能干的妈妈一肩挑。妈妈总是和我讲起爸爸的朋友把一罐白银寄存在我家里很多年的事,在那个穷得叮当响的年代,一罐白银值很多钱。几年后,罐子主人过来取白银,妈妈把保管完好的一罐白银一点不少地让他领回。罐子主人连声感谢,直夸妈妈为人处世值得敬佩!

长大后,我嫁给了极其疼爱、包容我的辉哥,有了帅气优秀的儿子、聪明伶俐的女儿。2006年,我们有了自己的工厂,在电子人体秤、厨房秤的出口行业里慢慢走在了前列。我和辉哥始终把品质放在第一,有远见的辉哥在事业上有着很多的引领。2009年市场的爆发期,沃尔玛的订单量大要求高,按照当时的管理模式质量难把控,各供应商的相关配件还是停留在家庭作坊模式。当同行都在做低价位、抢客户的时候,我们就重金聘请工程师,破解了很多生产中的结构问题,一直到现在,产品出口美国、日本、韩国大型超市,并满足有高要求的客户,我们都一直在返单!

可我并不喜欢在工厂里待着,我极其喜欢在安静中寻找自己,喜欢山里的幽静和清新的空气,喜欢在学习中不断进取,喜欢喝各种口味的茶以及它们带给我的涩、甜、润。2003年,我有了电脑有了QQ,就喜欢上网写写感想,朋友不多,生活也是极其简单,工厂和家里两点一线。

也许是妈妈从小到大的耳濡目染,我一直对纯手工制作的银器、饰品、小物件有所偏爱。

从古到今,银是皇亲贵族家里的必用品,它具有杀菌、消炎、净化水质的功能。用银壶烧水,口感甜润,古人出门在外都随身带银针试毒,黄金、白银还具有保值和收藏的价值!我这个人比较信缘分,缘分是很奇妙的,于是便有了银满缘纯手工银壶店面的诞生。我每天擦拭着产品,每天陶醉地享受着每一件器物,每天用饱满的热情和每一位来店里的闺蜜、朋友喝茶聊天,体验茶与各种器物泡出来的不同味道,感受着不一样的生活! 现在越来越多的人喜欢上了喝茶养生,一杯茶让我们之间没有了距离,一杯茶让我们沉浸在安静的片刻遐想里……喝茶静心,我只想做一个安静的自己,也越来越喜欢放松后的自己。

来店里,我也总会和他们说上一句话,你们不要碍于面子照顾我的生意而去买个银杯或者什么的,真的需要了,真的喜欢了再买,这一次没有喜欢的,那就下一次。我希望每一件器物在你的手里都是带有温度的,在使用过程中,你是热爱的、享受的。

每一次朋友让我选器物的时候,如果是自己用,我会建议一定要亲自到店里体验和感受。如果是用来馈赠亲友,我就会结合朋友想要的心里价位,搭配出客户心里所想的性价比最高的物品,不仅让对方满意,而且我自己也有很大的成就感!

(2019年1月14日,日精进第666天)

◎洞见:我将会用我的余生爱我的银满缘,爱更多的纯手工作品! 我还自创了一句口号:爱上银满缘,恋上一辈子!

加油！加油！

俞石磊

　　加油这个词不知道多少次出现在我脑海,总是坚定地对自己喊,为自己打气,给自己鼓励,让自己不放弃。

　　小时候家境一般,每天想的是做完作业后找谁玩、玩什么,可以说是无忧无虑了。那时从来没有想过自己要多努力,仅有的几次也是爸爸给我任务或是给我奖励的时候,为了五角钱卖力地拔草干活。小时候爱跑爱跳,在小学四年级的时候,体育老师组织了班级跳远比赛,我凭出类拔萃的成绩被老师选中,参加了县里的比赛。第一次比赛就取得了第四名的成绩,不仅为学校争得了荣誉,同时也得到几十元的奖金。当我把荣誉证书和奖金交给爸爸妈妈时,他们很开心。争强好胜的心让我决定好好努力,争取在第二次比赛中拿个第一名。那一年我很努力,可参加比赛只得了第二名,与第一名仅相差几厘米。那时我意识到自己还不够努力。

　　接下来的一年,我买了沙袋,绑在小腿上,每天早上起来跑步,一天戴到晚。每当感觉到很累,快要坚持不下去的时候,抬头一看,前面是我的妈妈,她每天都陪着我跑步。也许是好胜心不让我放弃,也许是不愿让妈妈看到我放弃,我第一次在心里对自己喊"加油"! 就这样,一年过去了,我不知道这一年我对自己喊了多少次"加油",却让我知道"加油"的力量有多么巨大! 在起跑时,我拍了拍手,大声地吼了一句"加油"! 这一次的比赛我破了纪录。就这样,我走上了我的体育运动员之路。

　　如果生活能够一直这样下去该多好。同一年,我爸得了肺癌,一个多月的时间用掉家里所有的积蓄,却还是没能救回爸爸的生命。从此,家里只剩七八十岁的爷爷、奶奶,妈妈,还有刚上初中的我,家里的经济来源只有妈妈一人。瞬间,我懂事了不少,知道了家里的艰难,所以想办法给家里省钱,在学校一个星期只吃一盒梅干菜肉,很少在学校买菜吃。训练也越发努力,农忙时回家帮妈妈干活,跟妈妈一起喷农药,摘水果,吃了很多的苦,但我知道妈妈比我更辛苦。我不止一次看到妈妈一个人偷偷地流眼泪,有时我抱着妈妈一起大哭。但生活还要继续,在心里给自己加个油继续努力。我学习不好,但体育能力不错,成绩越来越好,最后在永康一中读高三时拿了省运会的冠军,家里的条件也好了很多。

真诚地感谢在我们最困难时帮助过我们的人,感谢国家、学校给我的补贴,感谢万向集团给我的经济帮助,感谢周老师、叶老师、小陈老师,还有许多帮助过我的老师,谢谢大家。

(2019年1月1日,日精进第1229天)

◎洞见:贫困之时,因为大家的帮助,心不冷。奋斗之时,因为大家的鼓励,不孤单。仅以此文致奋斗中的自己,不要忘记当时的困苦,发奋努力!为了妈妈,为了大家,加油!

创业成长史

朱伉谨

小时候我就有一个梦想,想做一名企业家,拥有一间豪华、干净、整洁的办公室! 从小到大都不服输的我,一直以来都有一个信念——自己不会比别人差。

也许正因为有一种想证明自己的力量在推动我向前走。我 17 岁进入国企石油公司,9 年里,我从普通员工竞聘到站长,获得了诸多荣誉,还成为最年轻的站长,多次登上《金华日报》《永康日报》! 在单位待到了 25 岁,生了儿子后不想一直安逸下去。在儿子没满两个月时,我就到龙川公园开了一间玩具店,生意不错,不到一年就交给了老妈经营。

我又有了更大的目标。2001 年很顺利地凑了十几万元钱,非常感恩我的闺蜜霞,以及朋友们对我的信任和帮助,没有二话地借钱给我。我拿了这些钱去黄山经营公交车生意,又赚到了一笔! 后来,为了家人和孩子我又回到了永康,开始经营一家移动营业厅。没到半年,不仅成本全部收回,还得到了移动公司和客户的好评。在经营移动营业厅期间,闲不住的我又因朋友多次劝说,合伙去创办了一家生产果壳箱的厂,还制造出了几百辆黄包车、垃圾车、广告灯箱。不管什么生意,我几乎都能接下来,并做成功!

姨丈在深圳生意做得非常好,还想回永康办门厂,一而再再而三地劝说我与他合伙! 那个时候,我就是想跟着有理念、有能力、有实力的姨丈学点东西,所以就动了心! 2006 年鼎泰门业诞生了! 如今,经营门业 13 年以来,我带领员工和客户们也做了许许多多的公益事业,为 2 个白血病孩子捐款 5 万元,与许多贫困家庭的孩子结对! 一直以来有喜有忧,也经历了许许多多的磕磕碰碰、坎坎坷坷! 自己什么都不想要的时候,老天给了我鼎泰门业。非常感恩我的兄弟们、员工们、闺蜜们对我无比的信任。2009 年,2 天时间他们就帮我凑了 500 多万元,拿下了鼎泰门业。自己的内心是有许多的困惑和迷茫的,因为我一直都让姨丈做我的大树,在心里一直都想有个依靠。姨丈是最值得我敬畏的、最值得我感恩的、最值得我学习的贵人,他的理念、能力、对产品的要求、敬业精神,一直以来都是我学习的榜样!没有了大树的依靠,只有靠自己快速成长,公司业绩也倍增。自己的创业精神感动了银行领导。2009年,没有资产抵押,领导也帮我想了办法,贷给我100万元。我也很努力,在很短的时间内就还清银行贷款和所有人的借款!

（2019年1月12日,日精进第1607天）

⊚洞见:曾经自以为是,无视身边人的存在!经历过了许多的痛,是自己的德不够,所以载不了物。暴躁的性格经常让别人难以忍受。人因痛而改变,胸怀是委屈撑大的,所有的一切都有助于自己成长,一切的发生都有正面的价值,让自己不去抱怨、不去计较!强势的自己也学会了示弱,也真正感受到了身边人对自己一直以来的付出和包容!

我的前半生

吕伟珍

我出生于1971年,从小在乡下长大。爸爸在供销社工作,妈妈身体欠佳,干不了农活,在家操持家务。我有4个哥哥,我是老五。我有一个幸福的童年,记得小时候每天中午吃完饭,妈妈都有小零食让我带到学校吃,这样幸福的生活持续了16年。

在我16岁那年,妈妈因肝硬化无法医治,永远离开了我们;爸爸为了照顾我们,提前从供销社退休。1989年,在学了3个月的裁缝后,我找到了人生中的第一份工作,进入服装厂当车工,当时的工资是每天6元。

1992年,22岁的我很想买城镇户口,可爸爸坚决反对,理由是家里没有这个能力帮我买户口。我坚决要买,爸爸说:"要买你自己买,钱你自己借自己还,哥哥们要娶媳妇,压根儿没钱帮助你。"当时我很天真,我想等我买好了户口,就可以到县城找营业员之类轻松的工作,把自己嫁到县城,在城里安家落户。于是,凭着这样的幻想,我用一天的时间,独自一人向阿姨、姑妈、表姐借了8000元,再加上我自己的积蓄,凑足了9000元,第二天到县城买了个蓝印户口。我拿着待业证,到县城找工作,结果事与愿违。心灰意冷的我后悔买了城镇户口,不但找不到理想的工作,还欠了一屁股债,不知猴年马月才能还清。20世纪90年代初,"万元户"是属于富裕的人家了,可想而知我的压力有多大。为了尽快还清债务,我只身一人来到了收入比永康高的义乌,找到一家服装厂没日没夜地干活。菜是家里带的梅干菜,米也是家里带出来的,除了吃饭睡觉就是干活。在义乌省吃俭用了2年,还了7000元的债。当还有1000元债务没还清时,我忽然意识到,我应该尽早到永康县城工作,以方便嫁到县城,否则,我的户口算白买了。

1994年底,24岁的我来到了永康活塞厂工作,在这里最大的收获便是找到了我的终身伴侣。在生下儿子后,我就辞职在家带孩子。刚组建家庭时,老公为了我们能生活得更好,利用他的专业技术努力赚钱。当时我们没钱装电话,只有一个BB机、一辆自行车。后来,有了点积蓄后,装了电话买了摩托车,还买了一套商品房。为了创造更多的财富,1999年底,老公也辞职离开了单位。我们夫妻俩开了一家机床门市部,卖线切割、电脉冲、穿孔机之类的机床与配件。同时,还开了一家线切割加工店。在工作中我们不断发现商机,生产过数控磨齿机、保温杯旋薄机,并打造了目前市场上质量上乘的旋薄机品牌。

10年创业期间,我还生下了女儿。尽管物质生活条件越来越好,但我觉幸福感变淡了,有时会莫名地焦虑。

(2019年1月10日,日精进第88天)

◉洞见:尽管一直以来,老公无条件地接纳我、关心我、疼爱我,可我就是不快乐。我迷失了自我。在照顾女儿的10年间,我和社会脱节了。去年夏天,我开始学习。越学习,越让我知道家庭教育的重要性。让一家人生活在欢声笑语中,幸福开心地过好每一天是我的责任。

一路走过

胡敏华

　　一路走来，离不开父母从小到大的引领。"榜样的力量、言传身教、父母是孩子最好的老师"——这些，我都深深地体会过了。

　　爸爸妈妈从小就教育我们怎样做人，怎样做个受人尊重的人，他们在工作生活中都非常受人尊敬。从小我们姐妹看在眼里、记在心里，正所谓言传身教，我们整个家庭都非常和睦。

　　父亲是文化人，我受父亲影响很大。他从小教我们要不断学习和提升自己，我们姐妹几个都是大学专科以上学历，在工作中也非常出色。

　　自从永康财通证券营业部成立以来，我便一直在这里工作并专注于它，业绩一直名列前茅，获得了各种荣誉。

　　我是个不服输的女孩，做就要做到最好。虽然我个子小，外表瘦弱，有种弱不禁风的感觉，但我内心有一股积极向上的用不完的劲，严格要求自己，坚持原则。也许是我对工作的执着和专注，对朋友的真诚和诚信，对职业操守的严格执行，才有这么多客户一直支持我。

　　这让我又想起爸爸经常和我们说的话："知识放脑袋里别人拿不走，如果脑袋空空，放在口袋里的钱也是暂时的。"每每想起这些话，我更加努力学习、努力工作。通过努力，金融类的各种资格证书被我一一攻下。

　　说到各种资格证书，分析师的考试我至今记忆犹新。那段时间是超乎想象地努力，每天下班一有空就看书背书，列数据做作业，这样日复一日认真地学习，最终收获满满。

　　也许是榜样的力量，也许是以身作则，在我影响下，孩子的学习成绩也直线向上，在中考时以优异的成绩被永康一中提前录取。

　　不管在工作中怎么优秀，回到家就要回到自己的角色，孩子的妈妈、爸爸妈妈的女儿、公公婆婆的媳妇、丈夫的好妻子，不要把工作中要强不服输的劲头带到家中。

女人的角色我做得非常到位,下班跨进家门我就是个小女人,是个温柔体贴也会撒娇的小女孩,需要老公保护、疼爱和给我依靠,而不再是那个不服输的特要强的、在外打拼的女强人了。

因为家是讲爱的地方,不是讲理、争输赢的地方。这一路走来,离不开家人对我的支持和帮助。

(2019年1月5日,日精进第769天)

◉洞见:我知道"人"字怎么写,一"撇"一"捺"互相支撑才是一个完整的"人",互相支持、互相理解、互相尊重、互相关爱、互相欣赏才是完美的人。

一路走来,不忘初心,砥砺前行,做更好的自己,成就更加完美的人生。

是运气更是努力

魏柳仙

2003年，我和丈夫带着5岁的儿子来到了永康，跟随着弟弟办起了仪表加工厂。当时永康企业对锁具的配件需求量很大，于是我们就从锁上的零固件开始做起。起初在永康是举目无亲，要人脉没人脉，要资金没资金，可以说是举步维艰。

那时我们在桥塘头村租了一间民宅，买了仪表车、台钻、搓丝机。我刚到厂里时，什么都不懂，卡尺都不会用。因为年轻，从未想过其他，一心一意想帮弟弟撑起这个厂。厂里有位仪表车师傅，于是就跟他慢慢学，后来不管做仪表、台钻、搓丝，样样都拿得起。记得有一年，因为工业用电紧张，永康经常断电，我们购置了一台柴油发电机。像我们这样的企业，很多都需要柴油发电机，这导致柴油价格高还经常断货。为了企业的顺利发展，每天厂里至少派一个人去买柴油，有时还会去临近县市采购。因为发动机的噪音特别大，我们厂又租在居民区，想加班加点生产都不行。厂里的利润只够购买柴油，为了以后的生意，咬着牙也要维持客户的利益。那一年，除掉成本，基本没有赚钱。

有了第一年的沉淀，第二年买了人生中的第一台一模二的冷镦机。那一年的日子过得更加艰难。有时候没有钱买材料，就只能把铁末卖了，才有钱去买材料。更有甚者，有时去外地进货，钱都还不知在哪里，只能打电话七拼八凑把钱凑齐打过去。

后来，我们把仪表车、台钻、搓丝机转给了其他人，开始一心一意地经营冷镦生意。从第一台冷镦机到现在的三十几台，从几万元一台的一模二，到现在上百万元的多功位冷镦机，一步步走来，其中有欢笑、有泪水，更多的是满满的感恩。

（2019年1月5日，日精进第510天）

🏵洞见:前两年,工作上也顺风顺水。但不知为什么总会感到迷茫、困惑。有时候想想自己吃苦都不怕,最怕的就是没有力量去坚持。正在这个时候,弟媳妇把我领进了这个正能量满满的永康市精进文化协会,当时的我一下子领悟到了我还要学习。在这个日新月异的年代,永远不能停下学习的脚步。

每次相遇都是机遇

徐　景

儿时的记忆里,父亲是教书匠,一个月一二十元的工资,以及大队分的口粮,根本不够一家人维持温饱。为了生计,父亲辞去了工作,母亲起早贪黑在田里忙碌,父亲一到休息日就去田里帮忙。日子过得虽然清贫,可一家人和和睦睦。

几年后,家里承包了鱼塘养鱼、菱角。凌晨三四点,父母亲就早早地把菱角煮熟,拿到市区批发。年轻力壮的父母勤劳肯干,温饱已经不成问题了。我8岁时,家里买了全村第一台黑白电视机,轰动了全村。一到晚上,屋子里挤满了父老乡亲,那时正在播放连续剧《霍元甲》,主题曲到现在我记忆犹新。

20世纪90年代初,我中学毕业,年轻气盛,不听父亲劝告,没有继续读书,而选择了去学手艺。当时的决定成为我今生最大的遗憾,那时女孩子学做衣服是一种时尚,我还是托关系才进到第二服装绣品厂当学徒的,交了学费跟一个师父学习车工。在学艺的同时,要给师父白做几个月,直到车工技术过关了才能出来单做。记得像我这种刚学会的新手,能做到六七十元一个月已是很好了。师父一个月赚一两百元,让我们这些新手很是羡慕。也正是在那里,年纪相仿、趣味相投的姐妹们从此结下了深厚的友谊。两年后,听朋友说义乌的缝纫业发展很好,工资比永康高好几倍,怕父母担心就偷偷地背着家人,跟朋友一起去义乌找工作。义乌的工作环境比永康差许多,从早上7点到晚上10点,每天要加班,工资是比永康高了许多。可是一年后,我忍受不住思家之苦,还是决定回永康找个师父好好学习裁剪。回来后,又是一年学徒生涯,不过终于如愿开了一家服装店。

在服装厂结识的朋友中,巧君与我性格相投,年轻时经常玩在一起,但我们各自成家后就鲜有联系了。再碰到她时,她经营的茶庄已在业内小有名气,当她向我抛出橄榄枝时,我毫不犹豫地加入了她的团队。从此与茶结缘,每天都是学习成长之旅,识茶、品茶、赏器。那几年是我成长最快的时光,感恩在最美的时光里遇见她。

（2019年1月6日，日精进第727天）

◉洞见：由于种种原因，现在我重操旧业，开始车缝加工。年轻时太随心随性，缺少了专注与坚持，好在父母的勤劳，茶的平和、包容一直影响着我。不管以后的人生是顺境还是逆境，我相信我可以走得很笃定，不惑的年纪更要沉稳地面对我的人生。

谁说女子不如男

周雨露

我出生在永康的一个小乡村。20世纪90年代,赶上国家的经济开始飞速发展,人们的生活条件日益改善,不用再为挨饿受冻担心,生活逐渐奔小康! 但是,物质条件的改善却依旧没有改变农村里重男轻女的思想!

那时正值计划生育,听说为了生下我,妈妈挺着大肚子东躲西藏。因为整天担惊受怕,妈妈还被吓出了心脏病! 1991年5月9日,终于迎来了我的出生! 然而,听到又是女娃的消息,爷爷奶奶连医院都不曾踏入半步! 看着外婆既要操持家里,又要为她这个出嫁的女儿操心,妈妈就心生埋怨。从小到大,每当说起种种往事,妈妈总忍不住流泪,也会一再地叮嘱我说:"虽然我们是女孩子,但是一定要争口气,不能让别人瞧不起,说咱们家没有儿子!"渐渐懂事了,我也时常在心里提醒自己:我不能比男孩子差,一定要为爸爸妈妈争口气,这也养成了我好强的性格!

还记得初中暑假,妈妈半开玩笑地问我:"暑假去干吗?""赚钱。"为了达到"赚钱"的目的,我用最快的速度完成了作业,跟着当时做乘务员的妈妈开始赚我人生的第一桶金。由于是暑假兼职,所以只能偶尔帮人家当代班乘务员,一来一回,完整的一趟,工资是10块钱! 记得第一天代班,面对长相凶悍的司机,既陌生又害怕。面对乘客,既担心收少了赔钱,又担心收到了假钱亏本,遇上几个调戏我年纪轻轻就出来打工的,我更是满脸涨得通红,连手都无处放。但是好强的性格不允许自己后退,只能故作镇定! 从陌生到熟悉,很快就轻车熟路了,无论什么样的司机或是乘客,我也都能应对自如!

这也开启了我暑假打工的模式。假期的实践,不仅让我体验了自给自足的乐趣,也体会到了爸爸妈妈赚钱的艰辛。于是高中开始,我进一步成长、蜕变,我的一切都似乎开了挂,各种奖项纷至沓来。到了大学,更是年年奖学金,各种荣誉证书不断。大学毕业时,我带回了优秀毕业生等荣誉称号,并成了一名光荣的共产党员!

大学实习期间,我毅然回到了永康,经过多方面试来到了金豪达工贸有限公司。初来乍到,底薪1200元加提成,心里可高兴了。每天就想着多打一个电话,多接一个单子,多卖一台工具车,就可以多做一些业绩,多拿提成。经过努力,两年之后就给自己买了一辆车子,开着新车回家的那一刻,爸爸买了鞭炮为我庆贺,妈妈欣慰地笑了,爷爷奶奶也终于对我竖起了大拇指!

(2019年1月6日,日精进第771天)

◎洞见:谁说女子不如男,巾帼可擎半边天。木兰为父披铁铠,抗日有女刘胡兰。如今,我也用自己的努力奋斗改变了一切!

我的事业

王剑锋

虽然目前奋斗的成果乏善可陈,但自己确实一直都在奋斗的路上。

我从事与知识产权相关的工作,主要帮助企业做知识产权布局、维权工作,这包括申请商标、专利、版权等业务。

2005年我到义乌创业做手办模型,开发了几款产品自己开模生产,还申请了专利。可那时候经验不足,生产很不顺利,因为缺少资金,将专利转让给了一个台湾人,我们签订了协议,每卖出去一个手办给我五分钱。可那台湾人不讲信用,并没有按合同履约,我拿着知识产权去维权,却屡屡碰壁。从那时候起我就下决心,要把知识产权做好,不要让创业者的设计为他人作嫁衣裳。

从那时候开始,我就为知识产权工作做准备,但市场并不认可。为了生计,我自己开发了一些产品设计,并申请专利,获得政府补助。可拿到补助,却没有缴纳年费,现在回想起来这真是一个短视的行为。当时有些创意还是挺不错的,但没有好好维护,白白浪费掉了。

在这个过程中还有个小插曲,那时候有个发小开"鬼屋",又好玩赚钱又快,所以我也去开"鬼屋"了。先后在永康、义乌、宁波、绍兴、慈溪、台州等地开了10多家"鬼屋",也帮助我的两位表姐进入了这个行业,赚到了不少钱,买了房子也买了车,直到现在,她们还在做这个行业。可我并没有丢弃知识产权工作,开"鬼屋",虽然有钱赚,但终究不是我喜欢的,我的梦想是能够自由自在地周游世界,寻找灵感,设计产品,申请知识产权,通过知识产权来盈利。

2013年,我终于下定决心专心做知识产权工作,开了工作室。一开始工作进展并不顺利,太多人不知道知识产权能够带来收益,直到后来许多人在淘宝上维权成功,达到了独家销售的目的,收获了巨大的经济利益。知识产权的维权意识才有所增强。

到现在我帮助很多客户通过专利版权,创造了上百万元的收益,并且帮他们抢占了先机,积累了很多客户。

(2019年1月8日,日精进第744天)

◉洞见:到目前为止,我已有300余位客户,也有了许多成功的知识产权案例。看到自己能为他们带去实质性的帮助,我觉得实现了自我的价值。我喜欢这份工作、这份事业,我会一直认真干下去的!

奋斗的路上从不孤单

王美娟

有一句话时常激励着我们:生命不息,奋斗不止。朋友们在一起也经常探讨,人为什么要奋斗? 有人说为了更有尊严地活着,有人说为了让儿女过上衣食无忧的生活,有人说为了承担更多的社会责任。而我的奋斗是要让自己变得有价值,活得更精彩。

从小我就在优越的家庭中长大。步入社会后,虽然父母照样给我零花钱,但我总觉得自己应该趁年轻去闯一闯。所以二十出头就卖过化妆品,开过足浴店,开过服装店……几年的折腾虽没什么大成就,却积累了不少人生的经验。结婚生子后,老公也养得起我,可我认为婚后的女人更应该有一份属于自己的事业。

在女儿还不满3岁的时候,我只身一人去了安徽,投资办门厂做实业。从土地购买、厂房建设、设备安装,到投产,里里外外都是自己亲力亲为,其中的艰辛和委屈只有自己清楚。经历挫折和坎坷时,都是一个女人像男人一样坚强地承担着。好几次应酬喝了太多酒,自己一个人偷偷地流眼泪。从安徽回永康,6个小时的车程,抽时间回趟家本来就不容易,好几次刚到家,还没来得及等女儿放学看她一眼,因为厂里有急事又马不停蹄地赶回去。

每一次回家,老公都会对我说,如果累就回来吧,钱够花就行了,别这么辛苦。我经常问自己,这是我想要的生活吗? 但是好强的我还是坚持了下来。直到2014年,我怀上了儿子,因为当时还没开放"二胎",我选择去美国生孩子。在国外朋友的帮助下,儿子顺利出生,也拿到了美国户口。回国以后,看着两个可爱的孩子,还有老公期盼的眼神,那一刻我终于明白,家才是我的依靠,家才是我的港湾! 我决定回永康发展。

7年在外创业,四处奔波,自己的身体透支了很多,而且随着年龄的增长,我觉得女人光有光鲜亮丽的外表是不够的,更应该有健康的身体和由内而外散发的活力。在美国,我了解到西方女性非常注重生殖抗衰方面的保养,我觉得目前国内很多女性还没有引起重视,却又迫切需要改善。所以我义无反顾投身健康美丽事业,创办兰贵人美容养生会所。刚开始虽然有很多朋友支持,但也碰上了很多经营、管理上的困难。自己习惯的企业管理方式根本不适用于服务行业。在新的领域,我只能从零开始,不断学习各种专业知识和店务管理知识。

开业至今,两年多的时间,会所业绩稳步增长,服务水准和知名度都有了很大提升。近两年相关行业遍地开花,同行竞争激烈,面临很多挑战,但我相信只要坚持去做一件事,肯定能越做越好!

(2019年1月8日,日精进第373天)

洞见:任何一个行业,想要发展,就要不停地去创新!任何一个人,想要进步,就要不断去学习!这两年我也投身各种平台去学习,在学习中,我遇到了很多人生的导师,有时他们的一句点拨,就能点亮我的心灯。我也交到了很多正能量的朋友,他们的鼓励和支持让我更加有信心、有勇气。其实很多人已经非常成功,但是他们在奋斗的路上仍一直努力!

在追求梦想的路上,我们有过迷茫,也曾彷徨,我们或许沮丧,也有失落。但人生漫漫,路途遥远,奋斗的路上我们从不孤单。为了自己的梦想,尽情把生命之歌唱响!

陕浙生活圈

翁常金

我来自陕北一个偏僻的小山村,因年少倔强便早早离开熟悉的家乡。

记得少年时,在外工作的哥哥姐姐们过年时都会从各地赶回来陪家人过年。几个同龄的孩子都会围着哥哥姐姐们,闹着喊着说,给我们讲讲外面的世界。我竖起耳朵听哥哥姐姐们诉说外面的世界有多么精彩,对外面的世界充满好奇和向往。

恰好13岁那年家庭发生变故,我也辍学在家务农。因为过于顽皮,父母也受不了我。在过年时,父母便找到在外打工回来的表哥,委托表哥带我出去打工。坐在火车里对窗外的一切都充满好奇,火车犹如穿越时空一般,从大山腹中穿越,从黑暗到光明,从光明到黑暗。经历了一天一夜,从农村到城市。这些城市人说的方言一句也听不懂,房子也和家乡不一样。

工作第一年我的年薪是2400元,工作一个月时我想家了,那一夜我在心中发誓我一定要衣锦还乡。出门之前和表哥有口头协议,做满一年,我也彻底自由了。后来我换了工厂,换了工作,工资也从200元一个月涨到1000多元!拿到工资第一件事情就是买手机,有手机后学会上网,学会聊QQ。生活也随着收入增加而改变,开始各种折腾,对很多事物都有好奇心。

在工厂工作了几年后选择创业。从摆地摊开始,然后跑业务,最后直接跑到直销组织里谈业务,幸亏警察叔叔及时解救了我们。整个组织都被解散,我选择回到当初熟悉的城市——永康。一切从头开始,也不是很顺心。这时恰好接到当初在工厂认的一位姐姐的电话,想让我过去帮忙看店,我没有拒绝。那时才知道什么叫房屋防水,经常被防水师傅忽悠,虽然接了很多活,但是除去成本和工资,其实都是不赚钱的。经过几个月自己摸索和实践,慢慢懂了一些基本操作。不知道为什么,总认为自己不管做什么行业都懂那么一点,而且只要自己看过了便敢动手干。平时在店也是闲着无聊,店里有电脑,无聊时便登上QQ聊天。同时也注册淘宝账号,开通淘宝店。永康这座城市挺适合创业的。

在聊天时也加入一些永康QQ群,在群里把自己的网名改成了专业防水施工,有一些人主动加我QQ咨询防水怎么做。

慢慢能从网上接一些生意,这给了我第二次创业的机会。记得在群里接的第一单生意是武义一个厂房,一百来个平方,做完客户就付钱了。收到第一单的钱,我给自己买了一辆自行车。一有时间,我就会骑自行车出去发名片,穿梭在永康的大街小巷。

日积月累,我积累了不少客户,一个外地人要赢得当地人认可其实很不易的。在骑自行车跑业务时,看见别人建造房子就会过去问:老板你家防水定过没有?很多人一听外地口音,就不想搭理了。后来慢慢学会说本地话,做业务也顺了很多。跑出去多了也能接到一些业务,价格也比别人高一些,都是自己亲力亲为赢得了客户认可,留下了好的印象。

做防水要把基础清理干净,用心做好每一道工序,把客户的事情当自己的事情对待,做好施工,做好服务,做好自己职责内的事。经过一两年摸爬滚打,赢得很多朋友转介绍客户。业务慢慢增加了许多,靠自己一个人已经是完成不了,我开始找合作伙伴,同时也组建自己的施工团队。

后来,因业务的需要注册了自己的公司,因为很多机关、大型工厂都需要有公对公的账户。所有的东西都需要自己慢慢学,在学习过程中离不开朋友的支持和鼓励,很多时候关于公司的一些问题都是朋友帮忙解围。永康是一座温暖的城市。

(2019年10月9日,日精进第1370天)

◉洞见:作为陕北新永康人,在永康生活15年,参加当地公益活动也有十余年。因为公益这个平台,我认识了永康市精进文化协会会长颜秀丽女士,她是一个很优秀的企业家,执行能力超强。创业的路上没有一帆风顺,只有经历无数挫折和失败,才明白那些成功者的不容易。

戒掉陋习

徐腾飞

　　时光飞逝，每天一篇的日精进文章，我已坚持到1000天了。说是文章，其实不过是对自己一天所遇到事情的感想和总结而已。不过每天都得书写，也是一种压力和考验，再加上永康市精进文化协会超严格的发布机制，中途我也有过想要放弃的念头。可幸运的是，我最终坚持了下来。这种坚持无形中影响了我做事的方式，我变得能坚持了，也更加理性了。

　　我觉得写日精进也是我这些年奋斗的一部分，因为有了日精进的伴随，人更踏实了。在工作中收获朋友，在陪伴孩子中收获快乐，他们成了我日精进中的主角，我记录着生活的点点滴滴。因为日精进，我成功改掉了先前的一些陋习，譬如爱打牌、打麻将等。

　　记得2016年10月2日加入这个协会，我就下定决心不再和扑克、麻将为伍。曾经的牌桌除了是爱好，也是社交，舍弃了诱惑也会承受不小的痛苦。我要把打牌、搓麻将的时间用来写日精进，分享生活感悟。看到朋友圈的日精进文章得到大家的点赞、鼓励，内心对棋牌也渐渐排斥了起来。写日精进的3年，也是我戒掉陋习的3年。这个过程中，自然有所反复，有时候朋友相约去打牌或搓麻将，不去是不给对方面子。后来，因为已经给自己定下了一个目标，脸面也就无所谓了，我果断拒绝一切与牌桌有关的邀约。当朋友聚会时，有人突然要走，哪怕让我短时间陪一下，我都会果断拒绝。别人看我这样坚定，慢慢也就不再约我，我更自得其乐，把打牌的时间用来读书、喝茶、陪孩子、写日精进，这怎么不是一个奋斗的过程呢？其实，这还是一个戒掉陋习的过程，更是一个遇见更好的自己的过程。

　　3年的精进时光，感觉自己上了一个新台阶，对今后的发展方向越来越清晰。而奋斗对于我,不需轰轰烈烈,只要像写日精进一样去坚持,细水长流,相信美好愿望的实现指日可待。

（2019 年 9 月 12 日,日精进第 1000 天）

● 洞见:饮水思源,还是要再次感谢一天一篇的日精进,让我每天都过得如此充实。

关于奋斗

应雀静

2016年9月,机缘巧合下走进了一个机构,那时我只想着,家庭主妇的生活不能过得太单调。走着走着,人称"自主跳坑"的事便发生在我的身上。

这个"坑"是关于孩子、关于爱心、关于团队、关于公益,同时也关于成长。是的,这个"坑"是成立于2009年的民间公益组织——阳光爱心义工协会。我的奋斗之路也从此打开新的篇章。

在这里,我遇见了永康市精进文化协会,一直害怕书写文字的人,因团队的力量、氛围,有了要挑战自己的念头。只因清楚地明白,每日书写文字,不仅可以提高书写能力,还能提高反思能力。

在这里,我遇见了企盟慧,只因阳光爱心义工协会活动时有上台说话的需要,于是为更好地展现,我毫不犹豫地成了企盟慧16届学员。通过45天老师的指导与自我练习,我在2017年11月5日毕业典礼中荣获季军。

在阳光爱心义工协会的群微课中,我遇见了心灵导师方锐快,因为自己是两个男孩子的妈妈,从正面管教到非暴力沟通的课程,只要一有时间就报名学习、参加复训。老师的课程,让我感到最为幸福的是非暴力沟通的深化小组,每次带着心事或问题去上课,总能在课程中得到解惑,每周一次的课程成了我那段时期最强的充电站! 12次的课程,奇迹般地唤醒了我内在的力量。

在这里,我有了一群亲爱的阳光伙伴。阳光团队里有我的伯乐阳光美儿,有我温暖、机灵、可爱、乐于付出、干劲十足的伙伴们。我们一起碰撞火花,策划与拟定方案,一起为活动细节争得面红耳赤,但会议一结束我们又一起谈笑风生。活动前期的准备工作很忙很忙,忙到连吃饭、上厕所都觉得浪费时间,特别是在大型活动的前期,我们各司其职常常一起加班到凌晨两三点。而我因为工作中的付出与细心得到伙伴的认可,幸运地由组织推荐成为第11届省青年联合会委员。

回顾3年间自己的成长之路,我由一个蜷缩在角落不敢吱声,生怕说错话的家庭妇女,蜕变成现在由内而外充满力量与自信的新女性,心中的喜悦不言而喻。

(2019年1月15日,日精进第828天)

　　◎洞见:是的,奋斗之路必定不可能平坦顺利,但只要心中明白自己想要什么,过程中所遇到的困难便可以找到N种方法去解决。只要铭记那份初心,过程中所遇到的退缩便可立刻随之化解。最终,在奋斗中成长,在成长中醒来,在带着觉知的修行中成就自己,品尝到人生最甘甜的果实!

一切都是最好的安排

胡颖颖

听人说,看一个女人是否幸福,就去了解她的心理年龄和实际年龄,再看她的面容。如果一个女人比同龄人显小5岁以上,她就是一个幸福的人。

这几年,我的人生有很大的反转,感觉自己一路走来真是高高低低、山山水水都见过。38岁,39岁,40岁,这3年感觉自己走得很不容易,也很勇敢。这3年好像是走了半辈子,让我像换了一个人。前半辈子我是处在昏睡状态,我觉得我是一个很优秀的女人,我漂亮、勤奋、努力、积极、向上、有目标、有行动力,也有赚钱的能力。不明白为什么我会从什么都有到一无所有,婚姻出现状况、事业出现状况、孩子出现状况,为什么我这么努力赚钱,赚来的钱也会离我而去? 为什么我这么好的女人嫁给你,你从来都不当宝贝? 我到处找出口,到处找爱,我活在水深火热中,我内心极度不甘心与愤怒,又带着深深的内疚,觉得对不起父母、孩子、老公。

我确实是很会折腾,我换了5个行业,刚开始我总能做得风生水起,到最后都会一败涂地。上半辈子我像一个男人一样活着,从来没做过女人该做的。我觉得我是最厉害的,一直走在证明自己的路上,所做的一切都是为了得到别人的认可。我没有自己,所以我活得特别累,但又要装作我很幸福,因为我这么好的女人是不应该过成这样的。在外人面前我只表现好的部分,不好的部分就留给我身边最亲的人,我强势、霸道、无理、任性,所有的情绪全部发泄在身边的人身上,我这么大能量的女人,正面和负面是对等的,结果可想而知。

其实我要感谢我所有的经历,因为生活让我足够痛了,所以让我醒来,让我从此走上了学习成长的路。现在终于明白了,如果你内在世界没有成长,外在世界创造再多的东西,也都会离你而去的。

2018年我找到了自己热爱和喜欢的事业,加入了女王平台,成为女性的引领者。我们创立的新品牌城堡故事是时尚、文化、艺术、灵性的代名词。"外塑形象,内修心灵",让更多女人由内而外地蜕变,努力打造女性成长创业第一平台!

我们是一群女人在奋斗,不断创新,不断积累,才可以精彩不断、幸福不断。

有人这么说:30多岁,是人生历程中最铂金的阶段。30岁的成绩只能叫成果,不能叫成功。40岁的成绩只能叫成就,不能叫成功。50岁的成功才是人生真正的成功。

我们离成功还早,离青春却渐远。

(2019年1月6日,日精进第200天)

◉洞见:有人问我,你每天这么忙,累吗?不累。

为啥?因为我确定,明天,我很精彩;远方,对我有着永恒的诱惑;改变,是我决心毕生求证的命题。继续认真工作,快乐生活,过好我的每一天。

总有一把奋斗的钥匙属于自己

吕铫钧

从爷爷奶奶的创业时代,到现在我们的创业时代!一转眼,50年过去了!

刚开始我们家是村里最穷的,爷爷奶奶不甘落后,一定要改变命运,不能让后代这么辛苦!于是他们开始搞运输,用拖拉机运送空心板,一年四季无论刮风下雨都要早早起床给别人运货,哪怕是霜冻天,手冻紫了也要去。因为如果你不干,就无法解决温饱问题。农村人还流行这样的话语:"你家贫穷就欺负你,你家富裕就眼红你!"当时爸爸很小,周末回家,零下5℃,也要去干活,真的苦到辛酸。爸爸小小年纪还要去田地干活,不干活爷爷是要打的。爸爸告诉我,没有饭吃就去借粮食,借粮食还要看别人脸色。后来条件慢慢好了,一年下来有了75斤的余粮!再后来,条件更好了,去市场卖猪肉,但很辛苦,凌晨3点就要去屠宰场拿货,然后拉到商城菜市场去卖。

爸爸长大后开始创业,开的第一个厂就是制造滑板车。1992年做滑板车出口生意,爷爷奶奶多少有了些积蓄,就给爸爸买了辆柳州五菱,方便运货。就是这样一点一滴、脚踏实地地做!当时没有员工,什么活都要爸妈亲自动手,比如组装、装货、送货、采购,忙得不可开交!为了不断壮大企业,爸爸果断选择去做炉头制造,当时在永康也是最早生产炉头的企业之一。要开炉没有员工,爸爸就在几千度的高温环境中自己开炉,妈妈在打泥芯。半夜三更要起来干活,没地方睡觉,他们就在泥芯车间的烘箱旁边搭建一个简易的小床。不管弥漫开来的车间柴油味,不管刮风下雨,就算漏雨了,为了生活他们都在坚持!

过了几年我出生了,来到了这个美妙奇特的世界!家里条件也慢慢改善了,爸爸妈妈去广东考察,觉得广东有发展潜力,不到3天就决定把工厂搬到广东。我当时还在读小学,爸妈当时把厂搬到广东,没地方住就在办公室里打地铺。我暑假去玩,爸妈心疼我,才去市场买了竹板床!转眼爸妈去广东已经10余年了!

如今,时代潮流的发展,要求必须进行正规化生产。爸妈在金华开发区盖标准化基地厂房,仍然做炉头。很佩服他们一辈子坚持做一件事情!感谢爸妈,让我有现在的生活。转眼我也已经成年,爸妈也放开手,让我独当一面了。我也很佩服爸妈和其他家长不同的地方,让我去尝试,在错误中成长!哪怕多大的事情给我,若没做好,他们都不会骂我、打我,反而告诉我应该怎么去解决。

(2019年1月6日,日精进第26天)

    ◉洞见:我必须努力改变。就在去年,我一个人在金华,能够独当一面了!我体验到了长辈办企业是多么不容易!放眼望世界,把目光放长远,多出去看看外面的世界。改变思路就能改变格局。

我的未来不是梦

曹子秋

　　我出生在一个小到地图上都找不到的地方,那个小山村人均不足半分田,人口不到300人。童年给我留下的是"逢年过节能有红薯、萝卜就算好,一年四季,衣服缝缝又补补"的贫寒生活。11岁那年就学会做饭,15岁初中毕业,17岁外出去广东惠州替他人养鸭当伙计,18岁自力更生。回顾一路走来的点点滴滴,虽然没有惊天动地的辉煌,但能有今天的家庭与生活,这一切也都源于我的梦想。

　　在父亲的口述中,不知多少次讲起祖辈的故事。爷爷为了生计,长期外出"弹棉花"谋生。所有家当一根扁担肩上挑,一年四季都流浪。在父亲童年的某个春节前两天,爷爷在外流浪一年后带着所有家当回家。爷爷快步走在离家三五公里的路上,看着自家的一间房屋因失火在冒烟。也许是贫穷让我有了梦想,也许是贫穷让我有了欲望,也许正因为贫穷让我有了追寻梦想的方向。

　　童年的时候,我就有很多的梦想:想像李小龙一样拥有一身的绝技;想过当武林高手,像《射雕英雄传》里的郭靖一样武功高强;也想过成为这个小山村的村支书,带领乡亲脱贫过上富裕生活……

　　随着日子一天天过去,也随着环境的变化,在我18岁那年,不知为什么我又有了新的梦想:我要参军,成为一名军人。走出这个小山村,也就跳进了龙门。当然在这个过程中,我也面临很多的困难和挫折。最终,心想事成! 我成为一名军人,经过11年的奋斗,最终从一名放牛娃经部队大熔炉锻炼后,以军人转业的身份回到地方。用父老乡亲的话说,端起了铁饭碗,吃上了皇粮,不管天晴下雨,再也不用干体力活。

　　功夫不负有心人,2003年,我从普普通通的员工开始努力,凭借公开、公平、公正的竞争上岗机制,经过10多年的奋斗,从最基层的一线员工到副所长、所长再到科长。在最平凡的工作岗位上坚持脚踏实地,一步一个脚印地认真工作,最终也获得领导、群众的肯定。我被评为"县优秀共产党员""十佳办案能手"，连续多年被评为县市"先进工作者"，还获得全国最高荣誉称号"全国模范司法所长"。

我在不断坚持学习，不断看书，不断加入正能量的团队过程当中，又开始静静地思考我的未来蓝图。我的人生价值是什么？我还能为家庭、为社会、为人生留下点什么？我相信，我的未来不是梦！

（2019年1月8日，日精进第290天）

🌀洞见：回顾以前走过的日子，我放过牛、养过羊、当过伙计、犁过田、种过粮，曾在部队干过炊事员、饲养员、通信员、化验员、保管员、驾驶员、理发员，也从一名普通办事员成长为全国模范司法所长……现在可以用出书的方式，把我的故事和成长经验分享给那些渴求知识、拥有梦想、渴望成功的朋友。这一切我靠的是一个信念：我的未来不是梦！

为何企业打造铁军难

曾 飞

很多企业老板和我说,他们曾多次去阿里巴巴、华为等名企参观学习,非常追崇他们员工的自觉工作状态与铁的纪律,最大的愿望就是能像阿里巴巴、华为一样,打造一支铁军。但是,通过近一年时间的打造,效果非常不理想,员工流失率反而上升了。

我弱弱地反问,阿里巴巴、华为员工平均年薪50万元左右,您公司员工平均收入多少?

对方回道,员工平均年收入7万元左右。

我回复:治国,先让其民富,才易教之。《大学》也有类似描述。大意就是:先让老百姓有一定的物质基础,再想教化他们,就容易了。用现代马斯洛理论来讲就是:先要满足员工基本的物质需求,再满足员工的精神需求。

稻盛老先生的价值观:打造物质与精神文明双丰收,物质文明放在前面,因此,京瓷员工创造了58年高利润的奇迹。

企业打造铁军,必须建立在物质基础之上。在现实经营中,很多企业老板容易进入以下误区:

一是将精神建设放在前面,物质建设放在后面。在充满物质诱惑的社会,践行中自然会存在不同的问题。

二是践行精神文明建设方法比较粗糙。整天要求员工学习哲学,如果老板自己未能率先示范,通过制度约束员工学习哲学,就无法达到学习哲学的效果。稻盛老先生道:哲学主要修自己,需要通过自己影响员工自觉接受。

三是践行精神建设动机不纯。有的企业老板想通过精神文明建设,降低员工物质需求,将其视为降低成本的一种手段,时间长了员工就会发现老板的私心。

经营者与员工都一样,先履行自己的承诺,不要关注别人的承诺。

因此企业不能指望员工先付出,而应先履行自己的承诺;员工亦是如此,不能指望企业先付出,而是自己要先履行承诺。

（2019年1月2日,日精进第39天）

◎洞见:经营者要经常思考企业凭什么让员工跟随。

靠严厉制度?(已经行不通了)

靠精神?(饿着肚子谈哲学的时代已经结束)

靠物质?(企业成本也是有限的,过多的物质,反会激活员工无穷的欲望)

最好的方法是物质与精神相结合。如何把握尺度,建议经营者多阅读稻盛老先生的书籍,如《干法》《活法》《心法》《六项精进》等。

致一直奋斗的自己

何伊萍

三十年河东,三十年河西。这句话一点都没说错。在妹妹出生以后,爸爸喜欢上了赌博,渐渐不受控制,家里开始出现经济危机。工厂也面临倒闭,最终关停。爸爸妈妈不和睦,天天吵架。爸爸经常不回家,但是没有和妈妈离婚,那时候我却巴不得他们离婚。妈妈很坚强,她一个人带着我和妹妹。妈妈告诉我们说,她不会让我们受任何的委屈。记得9岁的时候,爸爸带我去跟他的朋友们一起吃饭,我在饭桌上斩钉截铁地告诉他的朋友:我要撑起这个家,我不会像我爸一样。

很庆幸,我有一个全心全意付出的妈妈。妈妈坚强勇敢、负责任,在我成长路上,无形中成了我的老师。2010年9月,我去美国科罗拉多大学留学。雅思成功过线,并且拿到了奖学金。我坚信我能成为妈妈的骄傲,我能让她过上她想要的生活。

2014年毕业,我嫁了人,并有了两个孩子。2017年,我开创了我的事业。当我接手顺升木门的时候,连木门是什么材料,什么是垭口套,什么是线条都不知道。真正做事情的人不善于去表达自己的不满。对管理层的不作为,对管理层的懒散状态,我特别看不惯,我就会去说他们,但是最终的结果都很清楚——每一个人都对我不满,每一个人都不看好我。那一刻我知道我要先学习社会经验,先学习基本的东西,就这样沉淀了一年。

2017年,我把油漆车间的员工包括主管全部辞退,2017年的年底直到2018年的大年初八,我一直在找主管。好不容易找到了一个主管,事情做得乱七八糟,车间就这样荒废了一个月。东西出不来,车间一塌糊涂。

我发现不对劲,重新奔波去找主管。那时候很多以前的工人都在看我的笑话,但是我的内心告诉我,我可以。重新找了一个主管,谈好以后,第二天来上班,又跑了。我又去找,找到了现在的主管。公司一切开始走向正常,一切开始发生转变。我知道,我成功了……

　　2018年底，我们实现了业绩的翻倍，我从刚开始不被看好到现在的被大家拥戴。今年，公司的员工里买车的就有十几个。看到每一个员工在我们公司都赚到了钱，我也特别有成就感。

　　未来的日子还很长，但是我依然是那个我，那个有梦想、有激情、有担当、有爱心、负责任的我。

（2019年1月8日，日精进第45天）

　　◎洞见：女人的成长比成功更重要。我的成长路上遇到了很多的挫折，但是我不害怕。以前出去的管理层，如今毕恭毕敬地来找我谈事情，我觉得我成长了，也成功了。

奋斗是幸福的正确打开方式

施旭梅

"很荣幸,我是习总书记最牵挂的人。"曾几何时,这句话迅速蹿红,它很有温度。它原出自习总书记连续两年来的新年贺词,其中有:"幸福是奋斗出来的。""我们都在努力奔跑,我们都是追梦人。"国家层面的讲话是这么的朴素平实,但又深刻而充满力量。

回望2018年,于我个人,确实是充满奋斗的一年。基础弱、沟通能力差、专业技能不强,是我致命的缺点。也曾彷徨,有过迷茫;当遇到误解,难于解释;当碰到难题,束手无策;当经历打击,孤立无援;当各方面的压力一同袭来……庆幸的是,因为心怀梦想,相信榜样的力量,并想要成为别人的榜样,一切困难在梦想面前也就渺小了起来,慢慢地我学会了坚强。基础弱,就用别人刷剧的时间多看几本书,虽不能精通,但总能依样画葫芦,用最笨的办法补足。沟通不行,就多参加一些活动,多认识一些朋友,多学习待人处事之道,三人行必有我师,总能学习到身边人的优点。虽然和他们比起来,差距不小,但坦诚相待,精诚所至,金石为开,努力克服自己的缺点,让自己在一点一滴中慢慢成长起来。业务能力得不到锻炼,培训机会不多,就多钻研学习方法和技巧,多请教身边的人,多看看相关的教学视频,多涉猎一些相关的教材,勤能补拙,让自己的每一个脚印都踏在前进的道路上。

哪有一帆风顺的人生呀,坚定地追求自己想要的生活,奋斗才是幸福和梦想的最佳打开方式,唯有努力奋斗,才能获得成功,到达幸福彼岸。

(2019年1月10日,日精进第372天)

◉ 洞见:回望2018年,更是感恩的一年。感恩,是奋斗源源不竭的内在动力。感恩我的父母,看着父母发白的双鬓,那苍老的脸颊布满了岁月的沧桑,他们渐渐苍老,我们唯一能做的就是提升自己的综合素质,才能有能力为父母带来更美好的物质生活。

生命不息，学无止境

王巧郁

农村的父母在高龄超生了我，我虽不比兄姐艰苦，但样样农活也会干。由于年龄差距大，初中开始，便寄宿在姐姐家，每年寒暑假就在姐姐的五金城礼品店里帮忙。经过长期实践，我对小店铺的进货、销售、盘货、陈列、签团队单、财务等全套事务都游刃有余，甚至夏天忙碌之时踩着三轮车去送货。从小不怕累、不怕苦，10年的沉淀让我比同龄人老练。在我的感知中，一切的成就都需要靠自己的努力拼搏和持续学习才能获得。

现在，我有一个温馨的小家，爱我的先生，包容我的公婆，可以悠闲地过过小日子。撒娇的女人最好命，这句话莫名其妙地火了好久。女人需要疼爱倒是没错，但难道女人真的要靠撒娇才能得到爱吗？一个男人的学习也许为了自己，而一个女人的学习可以造福三代！

在我眼里，珠宝是石头，是晶体，是一堆化学元素构成的艺术品，最初那些色彩斑斓的光学效应让我着迷，让我产生了探索它们的好奇心。大自然的馈赠，当怀敬畏之心，出于对石头的浓厚热爱，我花了3年时间去研究和探索。2012年，特意去武汉国内知名的中国地质大学珠宝学院，考出钻石、翡翠、彩色宝石鉴定师资格证，随心之所向，每年奔赴各大国内外珠宝展，到梦幻的宝石之地和加工地。在斯里兰卡、泰国和香港、深圳、揭阳、四会、连云港的宝石仓库，我汲取着创造的灵感，寻觅着极致的原材。

传承传统文化，打造本土品牌，让珠宝与文化相融，让艺术与生活统一，这是我努力的目标。

（2019年1月11日，日精进第235天）

🔵洞见：相信一直不间断地学习，才会成长为越来越强大的人，比知识、才华更重要的是学习能力。珠宝是一个认真女人的奋斗结晶，更是千万女人的认真之选。女人，全力学习，全力拼搏，享受美好，不负今生。

致自己无悔的青春

魏慧仙

40多年前的农村,天是湛蓝的,地是黄色的,田地间都是绿色。农民每日过着日出而作日落而息一成不变的生活,总希望能从那黄色的泥巴里翻出个金元宝出来。

我家姐弟四个,我是老大。在我上一年级的时候,一到夏天,卖冰棍的背着冰棍箱吆喝着"卖冰棒,白糖冰棒,雪糕",那是小孩耳中最美妙的旋律。即使他们在玩最嗨的游戏,也会停下,跑回家问父母亲要三分钱,买根冰棒解解馋。虽说只是三分钱,可还是有很多家长拿不出来或不给。

依稀记得初中的一个暑假,家里种了好多西瓜。早上天还蒙蒙亮,我和爸爸就推着一大板车的西瓜去城里卖,一是想赶早卖个好价钱,二是早上也凉快,卖完回家还有好多的农活等着呢。没想到,板车陷在泥巴里进出不得。前一天下过雨,我们那里的泥巴路是那种黄浆泥,淋湿后会随着车轮整块带起,粘在车轮上,每次雨后进出都是惨不忍睹。我们一路用树枝撬车轮上的泥巴,一路走,到城里都快下午了。那么热的天,家里要买西瓜的早买了,很少有人会大中午的出来买西瓜。所以一车西瓜只好卖给商贩了。那时才两三分钱一斤,早上零卖5分钱一斤,算下来一车瓜少了一二十元钱。

我就在想种瓜的还不如卖瓜的,种瓜要生产成本要运输,还有周期。而卖瓜除了交点摊位费、税收费、损耗费和人工工资,剩下就是纯利润了。

从那次后,我就想着怎么才能挣钱。毕业后我也做过商贩,早上天还没亮,用自行车带上一大筐自己家种的茭白去城里卖,同时去别人那低价进点别的菜带着卖。刚开始秤也不会称,算钱也老算错,一段时间下来也没挣到钱。

当时刚好盛行外出打工潮,我也想看看外面的世界,随着这股热潮来到了浙江,在一家小作坊学做豆腐,想着以后可以自己开家豆腐坊。后来又在一家针织厂上班,生性要强的我每个月在全厂产能总是第一、第二,这样过了几年直到孩子出生。在家带孩子少了份收入,那时就觉得这真的不是我想要的生活。

刚好弟弟在永康办厂,他有货源,叫我也办个加工厂,这样小作坊就开张了。后来弟弟的厂越做越大,我就想着和弟弟、妹妹一起把这份事业做好。

(2019年1月3日,日精进第37天)

◎洞见:事业无大小,回望过去总会有许多的感触,展望未来无悔曾经的青春。

第三辑

秋天队

希望会迟到，但不会不到

李沛芸

我从小跟爷爷奶奶长大，爷爷不是亲爷爷，但我一直跟他睡到8岁。爷爷对我视如己出，让我觉得挺幸福的。村里的老人、小孩经常对我说："你是没有父母的小孩，父母都不要你了，你长得太丑了，所以他们不要你了。"阿姨们也不喜欢我，经常欺负我。每次被欺负后，我都哭着回到奶奶家，这让我觉得自己从小就没有人疼，没有人爱。8岁的时候，家里突然来了一群人，有父母还有弟弟、妹妹。

终于和父母在一起了，原本应该很高兴，但没有想到的是，我像走进了魔鬼区，一下子从小公主变成灰姑娘。父亲三天两头打我，除了大年初一，母亲没有一天不骂我。被打后，我痛得躲在猪棚里哭，半夜躲在被窝里哭。母亲一天到晚都安排我做家务，做不好就要骂。我从放学回家就开始害怕，有时候骑自行车回家就想，来辆轿车撞死我吧！这样可以给我父母留下一笔钱，就算是报答他们生了我的恩吧！想着想着，泪水就情不自禁地下来了。

好不容易长大了，我就非常拼命地工作，一直往家里寄钱。突然有一天，我用挣来的钱给自己买了画画的材料，回家后母亲就不高兴了。从那以后我觉得，我再努力，再辛苦，父母还是一样不会心疼我。谈恋爱了，以为有人关心，有人问长问短就是爱情了。结果我错了，错误的结合，让大家都不幸福。

家庭原因造成了霸道的我，现在的家庭中，我也经常会无法控制情绪，会把小事情演变成肢体冲突。

我也明白一切的源头。虽然我一直都在修行的路上，但是没有一个懂我的人，他能包容我的脾气，能接受我的不好。我一直努力改变自己，生活中一直都在证明自己是有用的，自己是优秀的。刚开始从事金融行业，早上买3个馒头，带一杯水，哪里客户需要就往哪里跑。为了第一时间把款给客户，顾不上按时吃饭，饿了啃几口馒头，那时候根本舍不得买饼干和面包。第三年才有了第一个办公室，那时候还是没日没夜地忙，没到晚上9点是下不了班的。正是我的敬业,行业内都称呼我为"永康牛姐""永康财神"。现在一些老顾客开始找我,让我帮他们从头再来。我想说:"是你们成就了我的今天,我也愿意陪你们一起从头再来。只要开始,永远不晚。"

(2019年1月7日,日精进第365天)

◉洞见:要变得更好,不要总是回头看那些曾经伤害过自己的人,而是将他们看成来度我们的人。人生总是需要经历很多磨炼,才能成就更好的自己,未来的路还很长,要靠自己奋斗来创造更加美好的人生。

我的副业之路

何金玲

　　曾经的我是一名白领高管,在宝马4S店做了8年的大客户经理,一个人过着有小资情调的生活。早上会制作不重样的元气早餐,晚上不想点外卖的时候,就约上三两好友在家享用烛光晚餐。随时开始一趟说走就走的旅行,喜欢跑步、健身,挑战各种极限运动,还曾经众筹穿越108公里的沙漠之旅。外人无不羡慕我这样的生活——高质高效工作,快乐小资生活。

　　直到今年5月我为了爱情,放弃了那个苦心经营8年的地方,一个人只身来到宁波,一切从头开始。骨子里骄傲的我,有那么多年的销售经验,想着无论什么工作肯定手到擒来。可现实却给我深深上了一课。我忽略了我即将奔三,应聘时用人单位一开口便问,结婚了吗? 有小孩了吗?"刚领证,还没小孩,计划一两年后再要吧。"无论你怎么回答,用人单位都会很明确地说:"如果你生完孩子再来,我们会很欢迎你。"那阵子,我不禁怀疑自己,为什么我这样有这么多年的销售经验,这么忠诚的人都会被拒。找不到工作的我天天待在家里睡觉刷剧,日子过得无精打采。老公和公公婆婆虽然表面没说我什么,但总让我浑身不舒服。

　　我想我必须做点什么。去学花艺或者去学茶吧,但开店容易守店难。这几年开实体店不是那么好开的,再加上房租、装修、货物,没有个十几万想都不用想。再者,刚来宁波,人生地不熟也不是开店的最佳时机。突然想到了在慈溪的同学,或许可以跟着她卖枕头,也算是一种轻投资。为了验证枕头是不是真的好,我买了这个乳胶枕,从此再也没有落枕过。于是立马打电话问她,要不先发发朋友圈看看,但被她拒绝了,她说在你没真正了解一个品牌,没认可它的时候发朋友圈是没有意义的,再说你手上没有货。她说,过几天有个10元打卡的创业活动可以试试,同时介绍了他们的老板鲍老大。鲍老大从一个普普通通的白领一步一步做到CEO,做到素万中国区的销售经理,房子全款一套一套地买。刚好鲍老大在宁波,如果有机会,可以托人帮我约见约见她。约了几次之后，我有机会到鲍老大的"大本营"参观，房子里1—3层堆满了货物。初见鲍老大，她说这辈子就只对一件事情感兴趣——就是卖素万的乳胶寝具。因为素万这个品牌品质好，公司售后有保障，并且可以很好地保障代理的利润空间，只要你用心去经营，也许并不能让你一夜暴富，但却可以给你带来更多的充实感与经济的自由。

考虑到日后要生孩子，如果不能出去上班，至少我还有一份养活自己的赚钱事业，就这样立马签下了一级代理。

在加入素万团队之后，发现这是一个正能量满满的地方，10元创业打卡分享的素材不是一味刷屏，而是早安圈、产品圈、科普圈、生活圈相结合。一开始发圈都没有什么人问，看到别人都出单了，内心有点焦急。我安慰自己要给朋友圈的好友一个适应的过程，做好自己就可以了。后来从鲍老大那拿了两箱枕头，慢慢开始有人问津，并且陆陆续续有人找我买枕头。

之后编辑好文案，对朋友圈将近5000的好友群发，得到了很多好友的支持和鼓励，终于踏出了创业的第一步。

开始副业之后，我的生活更加充实而有"钱途"，白天上班，晚上回来整理货物打包发货。即使我辞掉工作，我依旧有底气不靠家人养活自己。素万的团队使我不断成长，每天制订的计划让我更加自律。

（2019年10月7日，日精进第1820天）

◎ 洞见：最近很流行一个新词，叫"副业刚需"。搞副业已经是成年人该有的自觉了。

可以的话，副业多几个也不为过。永远都要有自己的B计划，像华为的备胎——鸿蒙，没安卓一样行！若不去努力尝试，你永远不知道自己原来可以这么优秀。我希望未来我可以成为孩子的骄傲。

年轻就要奋斗

陆 毅

1981年,我出生于浙江永康的一个小村庄。小时候家里穷,家庭多灾多难,7岁的时候家里着火,所有财产毁于一旦。父母辛辛苦苦把我和哥哥抚养成人,读书的时候我没好好珍惜,成绩也不理想,也没考上本科,后来在母亲的强烈要求下读了大专。

真的十分感谢母亲让我读大学,大学的经历对我影响很大。我积极参与学校的很多活动,当了学校的体育部长,也以优秀毕业生的身份毕了业。毕业后的我马上就面临了金钱的压力。在我上大学的时候,母亲得了肿瘤,在医院整整住了一年,每个星期我都要去医院照顾,家里因此也欠了几十万的债。还好当时年轻,正是意气风发的年纪,想着辛苦几年慢慢把债还掉就是了。

第一份工作是当医药代表,经常与医生打交道,一个月大概也就挣3000元左右,不过那时真的是很节约,一年后我就存了3万块钱,把欠外公的钱还了。后来,进入了肯德基,在肯德基学会了很多东西。一年多后我当了副店长,因为觉得收入不能满足我对生活的要求,离开了肯德基,进入了制造业,在一家防盗门厂做销售。刚去的时候工资只有1500元,但我觉得有前途,因此在那工厂做了7年,收入也水涨船高,还了欠阿姨家的债,还存了些钱,其间也买了小套的房子和一辆车子。

2012年底,我从门厂辞职后创办了厨具公司。那时候没钱,从亲戚朋友那借了一大堆钱,全部投入生产。世事难料,原本以为稳定的销售渠道一下子没有了,厂里订单一下子就变成了零。没办法只有坚持,持续的亏损把我搞得焦头烂额。亏了3年,2015年工厂才稍有起色,年底时基本上盈亏平衡。回想过去,仍然觉得心惊肉跳,经过这两年的积累,客户稳定了,工厂效益也逐步上升,进入相对稳定的发展期。

（2019年1月11日,日精进第1336天）

🌀洞见：人的经历是一本书,越是曲折越是好看。年轻时需要奋斗,年轻会让我们多些闯劲。这么多年,真的很感谢身边帮助我的人,感恩、坚持、努力,我想这就是我能走到今天的原因吧。

人生需要奋斗

董承红

如果人生没有奋斗,生活就会平淡如水;如果人生没有奋斗,生活就不会有转折;如果人生没有奋斗,就不可能有远大的梦想!

记得我上初中的时候,家里发生了很大的变故。爸爸患病,哥哥发生意外,我的学习成绩因此一落千丈。班主任老师把我叫到办公室,他拿出了一张白纸,问我这是什么。我说是一张白纸,老师突然把这张纸扔在地上,并踩了两脚说:"现在这张纸的命运如何?"我说:"它是一张废纸了!"老师捡起了这张纸,并没有把它扔掉,而是拍了拍灰尘,又拿起了一支笔,刷刷地画上了几笔,原来踩有脚印的地方变成了肥沃的土壤,上面长着挺拔的白杨树!好一幅素描图!这时老师又问我,此时这张纸的命运又怎样呢?我说:"不再是一张废纸了,而是一张非常美妙的画了!"老师问:"那你能不能悟到些什么呢?""老师我明白了,如果选择放弃,人生就像这张纸一样就废掉了。如果我选择改变,那我的人生就会发生巨大的改变!"

这件事在我的脑海中留下了深刻的印象,给我的人生带来了启示。随着时间的推移,高中毕业以后,我就去国有企业上班,然后结婚生子,这段时间是我人生当中最平淡的日子,按部就班地过着两点一线的生活。我隐隐约约觉得,这样的生活不是我所想要的,孩子出生也激发了我的很多想法。我想给孩子提供一个比较好的教育环境,就上班这点收入,不能满足我的需求。我一边上班,一边寻找机会跟别人合作做生意。非常幸运,生意做得顺风顺水,买了车,买了房,也把孩子送到了私立幼儿园。

但是天有不测之风云,2008年投资失败,我的人生被推到了低谷,欠下一屁股的债。为了还债,卖车卖房,抵掉了所有的家当还没有还清。生活遭遇到了前所未有的打击,几乎失去了生活下去的勇气!不知道路在何方,我欲哭无泪!理智告诉我,诚信大于生命,不能这样一走了之,不能逃避!我想起了当年老师教育我的那一幕,人的命运掌握在自己的手里,世上没有绝望的绝境,只有绝望的人！

别无选择，只有重新选择奋斗！因为没有资金，所以我选择一边上班，一边做销售，以小博大！我不会做销售，就向高人请教，从零开始。平时没有时间学习业务知识，就利用晚上和双休日的时间学习。熟人拒绝，我就去开发陌生人市场。只要有决心，办法一定比困难多！通过几年的奋斗，我学会了销售，懂得了如何面对拒绝，学会了如何调整心态，最重要的是我的内心在不断地变强！如果现在把身无分文的我扔在一个陌生的地方，我不会再恐惧！我相信我有能力重新站起来，因为过往的奋斗经历已赋予了我能量与勇气！

因为我的努力，老天给我打开了一扇又一扇的窗户，生活有了转机！我还清了所有的债务，又积累了一定的资金。2017年9月，我走进了另外一个更高端的圈子，挑战陌生的领域，成了一位创投者。一年多的奋斗让我收获满满，可以说这一年奋斗的收获，超越了我过往20年收获的总和！

（2019年1月12日，日精进第1263天）

◉ 洞见：奋斗给我带来了乐趣与幸福！奋斗给我带来了转折，奋斗给我带来了重生，奋斗让我遇到了更好的自己！奋斗把我带到做梦都未曾到达的地方！

内心坚定　何惧风雨

厉兰兰

山容万物,坚如磐石!山多便是磐安这座小县城的特征,而山最突出的品质就是孕育万物,包容一切,是坚定不移、坚忍不拔。这造就了磐安人民包容宽容、坚定坚强的精神品格。

他,仅仅是磐安20万人口当中普普通通的一个,却用他包容坚强的品格书写了一段励志的奋斗成长史,更难能可贵的是,历经磨难的他仍然保持着当初的那一份坚持以及无畏困难的决心。

1986年,他出生在一个普通的农民家庭,有了与生俱来的一股不服输的韧劲。后来,他又多了一个妹妹,身为家里的男孩,他知道肩负着一种叫责任的东西。

不知从什么时候开始,军人这个身份在他心里埋下了种子,他向往穿上军装、昂首阔步的军人风范,更敬畏军人保家卫国的豪情壮志。终于在他19岁那一年,他的梦想实现了,他光荣地成了一名军人。当时县人武部长为他题写了"志向远大,勇攀高峰",这也成了他日后的座右铭。两年的军旅生涯磨炼了他坚强刻苦的品格,成为他事业发展过程中不可磨灭的精彩的一笔。

退伍后回到熟悉的故乡,他走上了一条创业之路,走进了五金电镀行业。家人支持他创业,但也只能筹集到投资自动生产设备十分之一的资金。最终,他选择了先从手工线开始做。2008年,金融危机席卷而来,各行各业经历了新一轮的洗牌,淘汰落后、过剩产能,电镀这个高能耗的行业无疑被整治得更规范、更先进。在这样一个大环境下,手工线面临着巨大的挑战——招工难、价格没有竞争力、产能上不去等。

那段时间,工人、司机、会计、老板,他身兼数职,累了、乏了就在产品包装处席地而睡,稍微休息一会儿,又马上回到工作岗位。他常常忙到忘了吃饭,他以一种奋斗者的姿态投身到他的电镀事业中。只因他心底的那份"坚持就是胜利"的信念。

随着外部竞争越来越激烈,客户选择性越来越多,以至于没有任何优势的手工线流失了很多客户。眼看着工厂的货越来越少,工人放假天数越来越多,他陷入了迷茫。他不知道自己选择的路是否正确,是否还值得继续坚持,他不知道前进的方向到底在哪。在那个雷雨交加的夜晚,他第一次流下了无奈的泪水,那夜他好像要把这一辈子的眼泪都要流尽。是的,他太累了,但是放弃就意味着家人为他筹集的资金将付之东流。若是如此,他将如何面对家人?心里有两个声音一直在撕扯,放弃、坚持……

他以为所有的困难都会随着那夜的雨冲走。但是,随之而来的是一个比这更让人难以接受的消息,从小他最敬爱的爸爸被查出肝癌,并且是晚期,拿到确认报告单的时候,他不敢告诉他的妈妈,不敢告诉他的妹妹,更不敢告诉他的爸爸。一个人在网上查遍所有关于这种疾病的治疗方法,最后他选择了上海一家肿瘤医院。这一次,面对高昂的医疗费用,他没有退缩,他只知道要想尽一切办法救他的爸爸,他不能失去爸爸。他带着爸爸妈妈和身上仅有的一点钱,踏上了求医之路。

从这以后,他告诉自己不能倒下,不能放弃,因为这个家需要他,他要扛起这个担子。就这样,他深入永康的各个乡镇,只要听到冲床的声音,他就进去看是不是对口的产品,然后找客户去谈,也许是这种勇往直前的精神感动了客户,在这过程中他收获了很多优质客户,工厂也慢慢地运转起来。厂里赚了些钱,他第一时间把钱汇给父母,好让爸爸有钱治疗。尽管如此,2010年6月,病魔还是无情地夺去了爸爸的生命,那年他25岁,而他爸爸才47岁。失去爸爸的他知道前方的路任重而道远,他必须肩负起家庭责任,让在世的亲人过得更好。

2011年,工厂迎来了第一次转型,由手工线转换为全自动生产线,市场占有率逐步提高。但好景不长,2013年,在第一条生产线资金没有完全回笼的情况下,为使行业进一步规范运转,需拆除旧的生产线,全部统一规划,重新投入。这无疑给他带来了巨大的资金压力,可又能怎么办呢?前方的路再曲折也定要阔步向前,于是又一次走上了投资新设备的道路,年仅28岁的他负债近600万元。坚持,一定要坚持,他在心里告诉自己。

当危机来临的时候,如果用正面思维挑战它,面对它,也不失为一个转机。有了之前新设备投入的经验,这一次,经过多方市场调研,结合自身产品优势及地域实际,他摒弃了之前生产设备的模式,重新设计规划了一条全新的生产设备线。2013年,一条金华地区乃至行业内最大最长的电镀生产设备线正式落地。事实证明,他的思路和方向是对的,新落成的生产线精准对接了市场,在电镀行业占据了半壁江山,客户遍布金华各个县市,客户回头率几乎为100%,在业内赢得了良好的口碑。

　　稳定的客户资源,良好的口碑,他没有因此懈怠,而是不断在电镀领域中摸索、前进,几次三番赴广州、佛山、东莞、江门、宁波等地学习,多次参加五金展会做市场调研。接下来,他将再次出发,引进国内外先进技术,致力于将永康五金乃至整个浙江五金推上一个新台阶。

（2019年1月11日,日精进第216天）

　　◉洞见:若内心坚定,又何惧风雨! 文中的这位主人公就是葛氏五金电镀的总经理葛大峰,他是千千万万创业者中再平凡不过的一员,但他靠着自己心中的信念一步步实现梦想。

奋斗者是精神最富足的人

谭平华

奋斗是为一个目标去战胜各种困难的过程。走得太舒服的路，都是下坡路。活得最舒服的人，都是碌碌无为的人。

我出生的时候，已经有了三个哥哥，而且三个哥哥都大我10岁以上。爸妈也做生意赚了点钱，那时也算村里条件好的，从小我零花钱就比别人多，每天就知道吃各种零食。哥哥们也很宠我，读书回来总给我带吃的。我从小学习成绩一直不好，上小学后，哥哥们陆陆续续开始工作了，说只要我乖乖听话，别跟不学好的人玩，就答应我要什么就给什么，导致我只会大手大脚花钱。

哥哥们一个个成家后，我的零花钱减少，就不想读书，想出去工作。父亲不同意，非要把我塞进大专读几年，只读了一年半我就不肯去读，父亲就让二哥安排我去学电脑。培训完半年后，我在一家化妆品公司找到一份文员的工作，可每天做不完的文件和报表，才领1000多元的工资，做了两个月我就辞职了。老板说我形象还可以，要不去商场站柜台卖化妆品吧，如果卖得好每月有4000元。我欣然答应，参加公司安排的学习培训，可能骨子里也喜欢销售，很快就上手了，业绩也不错。那时每天站十几个小时，也不觉得累，平时和隔壁柜台都相处得特别好。做了一年多，隔壁柜台一个大我三四岁的姐姐突然问我，要不要一起和她开家服装店，之后每天给我做思想工作。

最终，我们一起辞职，一起去找店面，一起进货。那段时间，我们在厦门后铺街开店，每天人特别多，生意也还不错。可能日子太好过了，就不知道珍惜，我开始天天泡吧，天天玩到天亮，店里也不怎么管，和合伙人也闹了分歧，很快便分道扬镳。中间做过茶叶、红酒店，又来到永康做过服装。曾经和我合作开店的朋友都一直在坚持着，一步一步努力，都算是小有成就。我开始羡慕她们，而我今年也30岁了，再不定下心踏踏实实做点事情，到了40岁就没什么动力了。我想奋斗，也更加知道脚踏实地，一步步过自己想要的生活是多么重要。所以2019年，我打算学习美容、美甲、美睫，学费也已交好，春节一过立马去学习,学成后就筹办开一家美容院。

　　30岁的我懂得了珍惜,懂得了人要脚踏实地,多做一些有意义的事情,而不是虚度时光。只有奋斗的人生才称得上幸福的人生,奋斗者是精神最为富足的人。

(2019年1月5日,日精进第318天)

　　◉洞见:我们每个人的起点不一样,家庭环境也不一样,所以造就我们每个人走的路也不一样,但唯有奋斗才是我们实现幸福的最可靠路径。

奋斗一定会发光

陈美玉

在 2001 年的时候，为生活打拼的爱人到广州做销售。2002 年我带着一岁的孩子来到广州，那时生活很简单，只要有吃有穿，一家三口在一起就是幸福……

有一次晚饭后我们到花园散步，一开始聊得很开心，但是谈到生活，我说我想在本地找工作时，我爱人淡淡地回复说："让你在广州工作，一天起码要 10 个小时，如果选择那些随随便便的工作会丢我面子，选择技术工作你又不会做。"

我含着眼泪回道："我在你眼里难道是那么不值钱的一个女人吗？难道我在这里就这么不堪？"那时候的我自卑、迷茫又不甘心。站在人生的十字路口，到处都是方向，但怎么都不敢飞翔。我当时气疯了，恶狠狠地说："明天我就回永康，我死活都不用你管。"

2003 年 6 月 12 日，我回永康后到群升公司去应聘，当日就到群升五金仓库上班。因为什么都不会，只能在上班时多学多问，一有什么活，我就抢着干，一有机会就学习，当时对知识的渴求完全配得上"如饥似渴"这四个字。隔行如隔山，总会遇到许多困难，但也只能默默咬牙坚持。

在一个岗位一待就是 6 年，6 年来一直早出晚归地坚持着。这时孩子开始在乡下上小学一年级。我心心念念想给孩子一个好的学校，最好到城市上学，无奈那时的我们收入不高，孩子也只好在乡下读书。

生活在平淡中度过，我只能继续给自己加油打气。幸运的是，那一年成为我人生的一个转折点。因工作态度被领导看中，我被调到了千喜车业当上了仓库主管，一切都在往好的方向发展。在新岗位工作了一年后，因为底子薄，很多问题开始暴露出来，跟不上公司发展的步伐。我很苦恼，想离开公司，但老板看中我的为人，将我调到了资产部。

在资产部的那段时间里，有人说我像一只猴子那样上蹿下跳，无法被同事接受，再次感觉自身能力的不足。

　　有位公司领导看到我的处境,也看到我的为人处世,帮我和老板说明情况,又调到了他的部门,我开始了采购工作。那时候我只有一个想法,只要拼命干,一定会发光,一定会让别人知道我的价值。

　　在采购过程当中,我公私分明。工作中我一直兢兢业业,尽自己所能为公司节约成本,从不拿回扣,堂堂正正、光明磊落做人。

　　现在我已晋升为供应部副部长。同时,利用业余的时间学习,提升自我。我还在奔跑的路上,还在坚持着,奋斗着。

(2019年1月7日,日精进第768天)

　　◉洞见:只要心中有梦想,坚持着,为自己的梦想奋斗吧! 朋友们,因为年轻,继续奔跑吧!

怎样做保险

范爱红

1969年,我出生于一个农民家庭。我家兄妹4人在父母的教导下,懂礼貌,会感恩,也学会了自信和诚实做人。初中毕业后,我通过考试进入了永康丝厂。在厂里工作了9年,因企业转型辞职,我自己办起了工厂,经营了2年,因身体不好放弃了。一个偶然的机会我进入了新华保险,一干就是14个年头。从事保险行业有过坎坷,有过欢笑,有过泪水,也有过荣誉,在销售中碰到过各种各样的事情。

最让我记忆犹新的是2006年正月初六这一天,那是新年的第一个上班日,开完早会计划去夏溪拜访客户。那天下着雨夹雪,我当时的交通工具还是电动车,已经约好客户去她家。失约是对客户最大的不尊重,所以我还是冒着雨雪去了。一路上骑着电动车,穿着雨衣,头上的雨衣帽子一次次被风吹掉,雪子打在脸上痛得像刀割,手冻得车把柄都很难捏紧,行驶了半个小时后终于开到了目的地。我并不知道她家的具体位置,当时鞋子、头发都湿了,手机又没电,天气又冷,想想老公对我的工作也不大支持,还是回去吧。可是另外有一个声音在我耳边响起,这是老天对你的考验,不经风雨怎会有美丽的彩虹。干事业不努力、不奋斗,哪能成功?于是又继续找,终于找到了"她家",可进去一看,不是,原来村里有两个同姓同名同年龄的人。我想,今天既然来了,我肯定要找到她家。

通过另外一个"她"的指引,我终于找到了我要找的客户。一阵寒暄之后,我从她的需求出发给她设计了一份合理的计划,讲解保险条款之后,顺利签成了保单。这次的拜访给我后来的保险之路增加了信心,当时客户对我说:范爱红,今天这么差的天气,又是过年,你都会来讲保险,我相信你肯定会做好。

后来经过一次次锻炼,一次次学习成长,以及领导和同事的帮助,我终于在2016年的一季度,成功晋升为部门经理,同时给自己买了一辆5系宝马,在市区拥有了自己的房子,在老家也造了新房。

(2019年1月10日,日精进第1264天)

◉洞见:通过十几年的努力奋斗,我实现了自己人生路上的一个个目标。我的人生格言是:只要选择正确的方向,通过奋斗必定会到达成功的彼岸。

致奋斗中的自己

王　瑶

2011年,我来到了永康。11月23日,我正式开启了我的销售之路。对于一个害羞的乡村姑娘来说,要想在课程培训这块做出业绩是一件非常困难的事情。幸运的是一个月内我卖出去了第一张票,结识了我的第一位客户——胡红胜先生,是他的这一张票决定了我的去留。

就这样,我在培训公司干了整整5年半的时间。中间有一位没成交的客户最让我印象深刻。我联系了这位客户应总10多次,每次我都要起个大早,坐公交去武义,一去就要花一上午的时间,有时候还会扑空。2012年的夏天,应总总算答应要报课了,我一大早兴奋地来到了他的公司——凯来工贸。我带着12万元的合同协议在应总办公室边喝茶边等,正在签合同的时候接到了我们财务的通知。他告诉我:"这个客户是受保护的。"这意味着就算我签了,业绩也不能算我的,因为他的爱人在我们其他分公司报过课,所以受保护。

我在下楼的一刹那,感觉跌到了低谷。两个月的努力奔波都付之东流,眼泪情不自禁地流了下来。我不断地追问自己,这到底是为什么,为什么如此不公平? 走在回去的路上,我非常沮丧,这时候天还下起了细雨,我又没有雨伞。淋着雨在路边等公交车,车也一直没来。一辆从身边飞驰而过的汽车把我溅得满身稀泥。我开始埋怨,怎么什么不好的事情都发生在我的身上,可埋怨也于事无补。半小时后,公交车总算来了,我也可以回家了。在公交车上冻得瑟瑟发抖的我,浑身脏兮兮,车上的人都尽量避开我。

这是30岁之前我最难忘、最难过的打击,也曾因此怀疑自己是否适合做销售。反思了几天后决定,就算全世界都放弃了,我也会坚持下去。

(2018年12月30日,日精进第540天)

◉洞见：一点点挫折算什么，挫折过后更应该努力。有人说过，在哪摔倒在哪里爬起，从头再来。是人就不应该被挫折压垮，要把挫折当作人生的新起点。

走出舒适圈

吴家刚

我经历了中国移动互联网不断创造神话的 10 年,也经历了中国制造业迅速增长的顶峰。我坚信要做符合时代潮流的企业,要承担时代赋予我们的使命,我相信未来传统企业升级,无论是制造升级,还是产业链重构,都是通过互联网来完成的。

2015 年 8 月,一位很成功的朋友约我到北京会面,他说他很看好我。因为我们能在一个领域坚持 8 年,而且在没有什么成就的情况下,依然乐观,充满激情,满怀信心。同时,他也告诫我,如果没有像模像样的成绩,那一定是有原因的,大部分原因就是我们在用人和做产品中,没有把握住用户的核心需求。这一席话让我醍醐灌顶。当时我就立刻梳理出了"用互联网优化产业链,推动行业进步"的企业使命,确立了通过互联网快速提升 1000 家门企效率和影响力的短期目标,以及成为全球"互联网+"典范企业的长期目标。

过去的两三年里我们重新组建了团队,有了很大的突破,我们组织召开一个为期 2 天的门业大会,有超过 700 家企业参与,同时我们也是永康少有的真正有自主研发能力的公司,能做出从一套从用户端到制造端的云端软件,同行给予了我们很大认可。但是我知道我们还在原地,因为我们的团队很小,我们的创收还很少,我们服务和成就的客户还很少,跟我们的目标比起来我就好像不曾出发过。

(2019 年 1 月 16 日,日精进第 1310 天)

◎ 洞见:为什么不能跳出小公司怪圈,迅速让公司成长为大公司,去帮助更多企业和成就更多的合作伙伴?我觉得原因有三:首先,我们虽然推出了几款不错的产品,但是我们没有一款绝对极致的爆品,极致的力量有时候可以放大 10000 倍。就像洛可可设计了一款 55 度杯,卖了 100 亿,我觉得我们有一款产品可以成为爆品,但打磨意识不够。其次,是合作思维和能力不够,不管是研发还是销售或者服务,没有引进一流的人才,也没有建立起覆盖全国的合作伙伴关系,同时也没有借力资本。最后,企业还是要高工资、高福利,尽管我们导入了阿米巴经营,但是无论什么方法,一定要让员工有高收入,才会吸引到更多更好的人才,建立更好的团队,办企业一切的根本还是人才。

幸福是奋斗出来的

陈文明

我出生在20世纪60年代,17岁高中毕业以后就步入社会。那个时候,父母总是希望我能学一门手艺,我学过木工,学过油漆。但是后来,我觉得工人比农民身份优越,我又考到乡镇企业石柱机械厂工作,学习掌握了车工技能,一直到我20岁。

我们这一代人真托了改革开放好政策的福,那个时候百业待兴,各行各业都急需用人,仅有的城镇居民已远远不能满足需求。有一个时机招收农民合同工,转正不转户口。这让我有幸考到银行工作,从20岁参加工作以后,我就以我奋斗的精神立足岗位,从出纳到会计到信贷,迅速掌握业务技能,23岁时就当上了信用社主任,成为全县最年轻的一名信用社干部。

我有着一种不服输的精神,有一种积极向上奋发作为的态度,通过自学完成了金融方面的各种课程,也报考了电视大学的课程,以实现自己的大学梦。后来单位又选送我到嘉兴带薪脱产学习了2年。

干一行,爱一行! 我从基层一直做到了总行的办公室主任,特别是在信用社成立40周年之际,我身为办公室主任主持编写了全省第一部《农村金融志书》,并且组织了大型的"中央电视台《曲苑杂坛》走进永康"等宣传活动。突出的办公室工作,让我们单位连续多年被评为全省农信系统的宣传先进集体。后来我又回到基层当行长,在金融业一干就是30年,直到2014年退休。我把我的青春奉献给了农村金融事业!

生命不息,奋斗不止! 作为一个老金融人,看到社会上一些虚假的金融理财,看到很多老百姓的钱被形形色色的骗局坑走,所以我又想发挥我的金融优势,为别人做点事。2015年我研究了股权投资知识,然后找到了一家正规的投资机构——博将资本,并通过自己的实践,让更多的人了解金融知识,传播投资理念,防范金融骗局。

（2019年1月10日,日精进第771天）

◉洞见：为让更多的人了解投资理财，每一次的公益沙龙都是我布置现场。我从一个人在永康不断传播，到后来组建团队一起努力，到现在可以传播到全国各地。宣传合规投资，帮更多的家庭合理配置金融资产，实现稳健的财富增长。这也让我践行了奋斗不止的人生信念，用余生去做一件利于社会、利于他人的有意义的事，通过奋斗获得幸福。

奋斗之旅

应伟华

我出生在农村,母亲生了5个女儿,父亲是个矿工,大多数时间都在矿上。从此,5个孩子就和母亲相依为命,母亲把重担挑在肩上,所有重活、脏活、累活都是自己一个人干。记得很小的时候,天还没亮她就到田里干农活,到晚上月亮出来才回家。好几次姐妹几个一起出去接母亲,大老远就能看见她还在山坳里浇水,一桶一桶地把一块田浇满水。那么弱小的身体要撑起一个家,太不容易了。

以前的农村人特别封建,没男丁的家庭在村里没有地位。记得有一次,母亲去探亲,要出去几天,于是就给我们几个分了粮食,家里的米要省着点吃。大姐为了节省,把炒焦的米做成稀饭给我们吃,这样就能省下不少米。大姐是持家高手,对我们也非常严,每天给我们安排家务活。我们姐妹几个感情非常好,经常受邻居的表扬。

读完初中我就去打工了,记得当时还托闺蜜一起去同学家办的厂上班,第一个月居然拿到380元。母亲简直不相信我能赚那么多,之后就让我在自己家里管了一个小作坊(机械雪糕模)。那几年是母亲最忙的时候,生意做不完,一年忙到头,每次都是客户上门提货,有几次还是客户在那等着发货的。诚信服务是最大的信誉,这是我在家里学到的经验。

穷人的孩子早当家。我跟着一位哥哥做过很多生意,开过店,卖过洁具,卖过焊条,做过工具,兜兜转转好几年。偶然的机会接触到了保温杯行业,后来在这个行业摸爬滚打十几年。2013年,我们感到了产业的危机,不转型,就没出路了。可我刚买了房子,没有钱投资,只能卖了400平方米的房产,用于购买做轻量杯的设备,而且技术员工都得新聘,从计件工资转到计时工资。跟了我们多年的员工都不理解我们夫妻,有些工人也因此离开了我们。传统行业,外协件是最大的问题,他们习惯了做普通的产品,让他们在工序上一个个摆好,真的太难了。我们顶着极大的压力和风险,终于做到了千万产值。一路走来,真的要谢谢这一路上很多行业的精英,是他们让我成长,是他们让我们有突破,还有我的客户,公司有今天也是在他们的关照下成长起来的,很感恩!

(2019年1月8日,日精进第353天)

◉洞见:做一行爱一行,所有的付出,所有的努力,都是为了演绎更辉煌的明天,所有的成就都是为了展示更好的自己。

奋斗路上我们不惧前行

朱　莉

我出生在有"五金之都"之称的永康。家乡遍地都是做小五金、办厂的，周围的人基本都自己创业，生活节奏快，到处是机会。一方水土养育一方人，就在这样的环境中，在我弟的提议下，我们一起创办防盗门厂。

当时我们的想法很简单，我们卖过防盗门有销售渠道，只要有门就不愁销，简单的想法加青春期的冲动，我们说干就干。考虑到资金问题，刚开始我们就贴牌生产，从和贴牌厂家洽谈合作，到接单、售后、财务、发货、销售，全部我们自己上，不分白天、黑夜，我们尽量满足客户的所有要求，晚上10点多回家是家常便饭。

青春真好，我们有的是干劲，从不觉得累。半年后我们不满足于现状，想自己尝试生产，于是在2006年开始自己生产半成品，然后进行外购配套组装成品销售。想想简单，但急需解决场地、资金等问题。初尝创业的甜头，我们信心十足地在家人、亲戚、朋友面前，把未来描绘得前途一片光明，终于说服他们并得到了场地和资金的支持。同年在永康大地上，大批门厂企业也悄然兴起。

2008年的金融危机对我们几乎没有影响。我们有的是勇气和信心，但创业的艰辛可想而知。因为是简易的厂房，每逢下大雨，我们的生产车间里就开始水漫金山，我们的工人就在雨水中工作。一到下雪天，我们就会担惊受怕，怕大雪把房顶压塌，只能给工人放假。那时我们几乎没有休息天，没日没夜地干，每天的心思都在工作上。我们是幸运的，也许是市场的需求、产品的差异化和价格的优势，让产品供不应求。2009年我们赚到了第一桶金！

我们渴望做大做强，在银行宽松政策的支持下，那年我们和朋友一起开始不断地扩张：买厂房，造厂房，斥巨资投资自动化设备，扩建生产基地，又跨行业延长产品线，我们的心一下膨胀起来。那时从无到有，一跃成为行业中的黑马。经过几年的积累，我们开始思考品牌的长远发展，2014年我们进行了艰难的产品转型：向高端产品发展。我们咬牙关掉了老的生产基地，自断这条财路，不给自己留后悔的机会,倒逼着企业转型。我们开始进行终端产品的创新,在精准的定位下一试成功,产品在市场上大卖。

随着时间推移,银行资金紧缩,马上波及我们行业。大批的企业因担保链问题受到牵连,资金链断裂面临关门,我们也受制其中,被打得措手不及。事后,我们归于冷静,反思前期"一口吃成胖子"的经营模式,开始想办法解决怎样能让企业在这次危机中活下来等问题。我们调整心态,做好了从头再来的思想准备。心态调好了,信心也就随之而来。通过自身不懈的努力、各方面的沟通支持,不断向内部深挖调整,慢慢地,企业转危为安。这一过程教训深刻,心有余悸,但心存感恩!

（2019年1月15日,日精进第1080天）

◉洞见:奋斗路上所经历的酸甜苦辣都是自己人生路上的风景,都是让自己一次次成长的历练,都是美好的回忆和前进的动力。

路在脚下

徐美芳

　　作为一个"70后"，童年的经历非常丰富。那时候没有网络，有一台飘满雪花的电视机就是全村最有钱的人家，还有一天三次定时响起的广播，就是我们了解外面世界的通道。我们的假期没有兴趣班，有的是上山耙松针。十来岁的孩子就背着畚箕上山了，一个上午耙满一畚箕松针是我的目标，渴了、热了、累了，都不能动摇！

　　生活是最好的老师，在实践中我们会不断寻求好的方法，更重要的是磨炼了意志！至今仍记得挑稻草的那一幕，总想着为父母多分担一点，给自己定一个放下担子歇息的地点，一鼓作气往前赶，把小脸憋得通红也不撂挑子。一担稻草一里地只能歇一回，歇得少了，就能多挑几捆。我总觉得，现在的韧劲和毅力，完全来自小时候的历练。

　　高一那年暑假，我才17岁，市场上胶棉拖把兴起，供不应求，哥哥也大置设备，想着赶上浪潮赚一笔。我去哥哥的工厂做暑假工，目标只有一个，干上一个暑假，给自己买一辆女式的自行车。整个高中时代，我都骑着父亲传给我的28寸大自行车上学。每次骑入校园，我都会踩得飞快，遇见同学就会不好意思，一个姑娘骑着壮汉骑的车子，实在有点违和。

　　所有的艰苦就在清晰的目标中展开，那个年代，一天就是10小时工作制。我会每天很早起床，把家里人的衣服全部洗干净，吃完早饭，6点准时上班装配拖把。有上杆子、套胶套、拧螺丝一类的工序，因为是投产初期，工艺很不成熟，产品存在毛刺很大、胶套过小、孔距不对等一系列问题。干了一个上午，双手就伤痕累累，被毛刺划了很多道口子。拧螺丝双手起泡，套胶套我每次都要使出吃奶的劲，加上胶棉拖把本身就是化学制品，受伤的手被化学物品一刺激，火辣辣地疼。干了几天，十个手指头全部裂开了。我没有退缩，他们一天干10个小时，我一般干12个小时，他们装配70—80把就下班了，而我要做到100把才收工！那一年的暑假就是这么过来的，睡觉、吃饭、洗衣服、装拖把！很累，每天回家倒头便睡。胶棉药水每天侵蚀着我的伤口,很疼,但是我的目标很坚定,每天一大早哼着小曲去上班。一个暑假,我赚到了587元钱!看我领了工资,我的母亲无比温柔地对我说:"女儿,你算算,你的学费还差多少?"回想当时的心情,没有失落,也没有愤怒,我知道家里很困难,钱应该花在刀刃上!于是,我整个高中时代,仍然骑着28寸自行车上学。

嫁入夫家后,夫妻俩的第一份事业是开副食品批发部,那是一个新开发的市场,而我们又是第一次涉足批发的行业。3000元钱就是我们的原始资金,刚好够交店面投标的押金。一切的困难我们都不怕,赚钱过上好日子就是我们的目标。我们跑义乌批发商品,店铺热热闹闹地开张了,左等右等盼望顾客上门,4个月后一大批食品过保质期,我们沮丧的同时,一边重拾信心,一边再次筹钱去进货。几番折腾下来,客户的需求找准了,老客户慢慢多了,我们的生意也一天天好起来。

因为我们诚信待客,回头客越来越多;因为我们薄利多销,方圆三公里的饭店都成了我们的固定客户;因为我们经常跑批发市场,捕捉新品信息,每款新产品都会热卖一阵子。我们每隔一个月就把店面的摆设重新调整一遍,常常给顾客带来耳目一新的感觉。经验越做越足,生意越来越好。全年无休是副食品店的特点,我们一直忙到大年三十晚上6点,还是有客户源源不断地上门。年初一开门,顾客说:"我已经等了好久了。"因为我们努力拼搏,赚到了人生的第一桶金,也为以后的事业奠定了一定的基础。

小时候努力,是因为穷人孩子早当家,为父母多分担一点,少挨一点骂。

学生时代努力,是为了自己的喜爱,全力以赴地去追求。

成年以后努力,是为了改变自己的命运,改变孩子的命运,改变家族的命运,奋力拼搏!

(2019年1月5日,日精进第1268天)

◎洞见:一路走来,总有一些日子可歌可泣!总有一些日子感动了自己!

奋斗,不是为了证明自己,也不是做给谁看。奋斗是一份内在的力量,是一种精神的信仰!古人云:天行健,君子以自强不息;地势坤,君子以厚德载物!人生就是一个不断向上向善的过程,梦在远方,路在脚下!

先为别人去做

程小平

自己想要得到什么,先为别人去做。

白居易的《琵琶行》里面有一句话:商人重利轻别离,前月浮梁买茶去。在中国的传统文化中,经商一直被排除在主流文化之外。

人类社会从当初的农业文明进展到工业文明,再到新经济时代,现在整个商业文明也迎来了一个新的进化过程。互联网经济共享互利的本质愈发明晰:我们为别人的成功做出贡献,同时也将创造自己的成功。

腾讯QQ、微博以及我们现在已经无法离开的微信等交流工具,可以把这个世界上的任何一个人在几秒钟之内连接在一起,而且是免费的。它们给客户提供了更高效、更便捷、更低成本、更高质量的交流与沟通,让供需双方找到彼此。

阿里巴巴、淘宝或者京东定位于所要服务的一种类型的客户,或者一种类型的市场,然后为供给方和需求方搭建一个广大的平台,让供需双方在这个平台上能够用最短的时间,最快的速度,最高效、最安全的方式,找到彼此,并且做成生意。它们为供需双方搭建了一个客户无法想象的平台,给它们带来无限的惊喜。

它们相信只要能够为客户提供有价值的东西,就不会愁生意从哪里来。

无论是国内还是国外的互联网时代的商业模式,都已经展现了一种价值观:我们要得到什么,先为别人去做。

那些大企业,那些世界500强的企业,它们所运用的一些企业管理方式也体现了类似的价值观。

它们会更加关注客户的需求,甚至客户自己都没有想到的前瞻性的需求都考虑在内。

它们也会更加关注员工的需求。它们会关注员工是否开心,是否有成就感,员工幸福指数高不高。

它们会关注合作伙伴的需求,股东以及下游经销商、上游供应商的需求,关注与它们合作的过程当中能不能得到更多的共赢。

同时它们也会关注到所服务的国家、所服务的城市、所服务的社区的需求。

它们还会关注这个社会和国家的公益事业,不断地为社会、国家做出贡献。

这一切都体现了:你帮助别人成功的时候,你的成功也会如约而至。

(2019年1月6日,日精进第1270天)

◎洞见:成功不是尔虞我诈,成功也不是欺骗或者弱肉强食,成功是因为我们帮助别人。

有计划 有行动

徐佐卓

国家有 5 年计划,我们有没有想过给自己制订一个 5 年计划? 其实最终目的是通过 5 年的努力,让自己变得更好,而且有了计划以后,平日里就会少一些迷茫和不确定,5 年后,能够有更多独当一面的能力。

我从 2014 年大学毕业到现在已经 5 年了。我过着 5 年前没有想过的日子,计划跟不上变化,我没有做专业对口的工作,而是走上了个体经营之路。那是 2015 年的一天,我正过着上班、下班打卡的日子,父亲急发胆囊炎住院了,需要好长一段时间疗养才能恢复,母亲得陪着去杭州照料。父母平时开着的一家水电材料店就没人看管了。从早上 7 点多开门,客户就已经需要拿货了,一年到头没什么休息日。父亲问我要不要转让生意,这样我可以安心工作。我说我要继续把生意做下去,我有信心做好,并让父亲好好养病,就这样开始了我的管理生涯。

因为读书时寒暑假期我都会在店里帮忙,对产品很熟悉。记得最辛苦的一段时间是送货员空缺的日子,我就自己送货去工地,开着手动挡货车,运送水管电线去工地。小区电梯最长斜放 2.8 米左右,电线管是硬塑料,要放进电梯,必须使劲,用力气塞进去,每次以我的力气都只能塞一捆。后来我学会先上楼找水电工师傅,他们一看到我一个女孩子送货来,都惊叹我这么能干,很乐意下楼帮我拿。做生意,接触好多形形色色的客户,我把每一笔生意都当作一次社交,以往寡言少语的我,也变得爱搭话了。2017 年参加了企业管理能力提升班,我还站上演讲台侃侃而谈。随后我又加入了日精进,每日从群里汲取大量正能量,感恩生活的美好。

我深知,现在开店,不是简简单单看店、守店,一定要做好规划,升级发展,才不至于被淘汰。通过 3 年的努力,我建立了更多的销售渠道,城乡遍布 10 多家分销商,建立了一个上百群员的水电工交流群。2018 年全新引进了全景 VR 水电图制作,购置 1 万多元的拍摄设备,配上专业人员,用心为业主服务,让日后水电管路查看更加直观明了。再往后,更环保的材料势必成为永康高端客户装修的刚需,世界排名第一的管道生产品牌理所当然成为我的第一选择。我果断拿下代理后,不用多介绍,好几家大型装饰公司马上签约成为我的合作伙伴,接下来可以为更多永康高端客户的家庭水电装修做好服务了。

虽然每天忙忙碌碌,但这样充实又自在的生活我非常喜欢,去年我还收获了幸福的爱情,组建了一个小家。

（2019年1月9日,日精进第364天）

◎洞见:有了要为之努力的奋斗目标,觉得自己越来越幸福了。5年的变化,努力过的青春,一切都值得回首。下一个5年,我会成为什么样呢?期待每一个明天!

愿得一人心

陈美巧

时光荏苒，岁月如梭，人生的每个阶段都背负着不同的责任与使命。为了爱，为了责任，我每天都在外面忙忙碌碌，父母总是说："多点时间陪陪孩子，不要太累了。"朋友说："好好照顾自己，不要每天忙于工作，这么拼干吗？"只有我自己清楚，我不能停下来，因为上有老下有小，为了我爱的人，必须要承担一份责任！

一路走来，太多的坎坷与不容易，我都坚持了下来。创业的艰辛，历历在目。生小女儿的时候，刚好也是第二次创业，因为做试管，打激素过敏，腹水使得我走路都困难，躺在床上却依然捧着手提电脑工作。为了方便跟团队沟通，员工就在客厅上班，订单量超出了预计。我躺在床上，一家家联系货源，保胎3个月，喝了3个月的中药，在床上躺了3个月，这期间没有一天间断过工作。第四个月胎相稳定，我挺着个大肚子天天打包发货，生了孩子，除了在医院那几天让自己休息了一下，一出院在家里坐月子，床边依然是电脑"伺候"我。那个时候还好有父母在我身边，他们的鼎力支持，是我坚持下来的关键。

如今孩子已经5岁，回想过去一幕幕，还是有些心酸。朋友只看到了我光鲜的一面，却不知道我是如何走过来的。在父母面前，在孩子面前，我控制自己的脾气，在外面受了委屈，不敢跟家人诉说，在父母面前我表现出无比的坚强，好像万事难不倒我。在孩子面前，我始终保持乐观积极的心态，因为我知道，现在的我是他们的依靠！

这两年我也给自己一些时间开始学习，为了给自己注入一些能量，也有幸结识了一批正能量满满的朋友，有些心结也慢慢在他们的指引下打开。如果说以前我是在强撑，在伪装坚强，有抱怨，有不满，有忐忑，有不甘，而如今的我，能更好地接受别人或自己的不足，坦然接受这一份责任。

（2019年1月9日，日精进第623天）

◉洞见:放下很多的纠结,因为心中有爱,所以有了强大的力量。因为有感恩之心,所以愿意付出,心中有爱才能看到更多的爱,心中有爱才能感受到更多的爱! 做一个有爱心的人,使生活更加充实。做一个有爱心的人,为了自己和我爱的人努力奋斗!

那人 那事 那些年

陈 敏

　　我出生在永康一个山清水秀的小山村,听老人们讲,村名还是南宋文学家陈亮在这里开堂讲学时取的。永康素有"百工之乡"的美誉,"永康工匠走四方,府府县县不离康"。小时候很长一段时间,爸爸离开永康赚钱养家。

　　20世纪80年代,国家实行了计划生育政策,所以我只有一个妹妹。爷爷奶奶因为传宗接代、重男轻女的思想作祟,根本不愿意多看我们一眼。妈妈一个人忙里忙外,实在无法照顾我们,印象中我刚学会蹒跚走路,妈妈就把我们姐妹俩送到了外婆家,一待就是几年,直到我要上小学的年纪才接回家。回到父母身边后,我像是一个陌生的、外来的孩子,又一口的外地方言,被村里的小孩排斥,周围的小朋友都不和我玩。每次走在路上,他们就朝我扔小石子、吐唾沫,甚至趁我不备打我一下,然后大家再一哄而散,留下我一个人哇哇大哭,伤心地跑回家。在学校我也备受欺负,记得印象最深刻的一次,有个同学专门欺负我这个外来户,利用自己的那么点小权力,找了个莫须有的罪名,摘了花园里长满尖刺的玫瑰枝条抽我,抽得我整个手臂都是血,那种疼至今记忆犹新。愤怒之余我和她狠狠打了一架,也就在那天,骨子里的倔强和要强都激发出来了,我暗暗发誓以后不再让人欺负!后来我就变成一只好斗的"小公鸡",任何欺负我的人,我都和他干上一架,哪怕头破血流。从此,心里憋着一口气,学习上非常用心,同学之间也慢慢熟悉起来,关系也越来越融洽。

　　如果说,小时候的这段经历是改变我的一个原因,那父母对我在学业上的重视和培养,以及他们对我潜移默化的影响才是我成功的关键。在改革开放的浪潮中,爸爸办了厂,做外贸整枝剪生意风生水起,名声在外,当时报社的记者们多次慕名前来采访,后来还在《金华日报》上刊登了他的创业致富故事。父母身上那种努力打拼、坚韧不拔的精神,就是对我们最好的言传身教。姐妹俩在学业上也一直没有让家人操心,妹妹更是硕士毕业后在省城安家落户,对爸爸妈妈来说,也算是不辜负他们的期待。

至于自己,大学毕业后,按部就班地顺着人生轨迹结婚、生子、置业,事业上也已走在副主任医师晋升的路上,每天过得忙碌而充实。记得有一天,午睡醒来,阳光柔柔地照在脸上,四周非常安静,静默中突然觉得内心很是惶恐。感觉自己这么多年,好像一直拼命追求外在的很多东西,更多的只是活成别人眼中的我,而内心世界的自己已经很久没有照顾到了!我不断问自己:你对现在所拥有的喜悦满足吗?为何会觉得内心空虚匮乏呢?难道你终其一生单单就是为了追求所谓的名和利吗?……

在困惑和自我剖析中,我开始了各种学习,机缘巧合下加入了日精进协会。每天记录,用心坚持,在拨开云雾后渐有体悟,思维和认知突然之间就变了,内心也变得越来越平和。

（2019年1月12日,日精进第679天）

◎洞见:也许,对我们的父辈来说,摆脱物质上的贫瘠和匮乏,用自己勤劳的双手,让一家人过上更美好的生活,是他们一生奋斗的目标,也是千千万万普通中国人奋斗的一个缩影。而我自己,正如袁枚的小诗所言:"苔花如米小,也学牡丹开。"认真努力地生活,以自己喜欢的方式过好每一天,活成自己最美最期待的模样,足矣。

我的父母是教练

刘伟才

奋斗这个词听起来很普通,甚至成为大众嘴里经常张口就来的话题。各种培训、鸡汤更是漫天轰炸:艰苦奋斗,生命不息,奋斗不止……

然而这个词对我来说,却从只是挂在嘴边到刻骨铭心,再到现在的合而为一。

俗话说"穷人的孩子早当家",一点不假。我就是穷人家的孩子,出生在安徽一个穷苦的乡村。父亲年轻的时候在生产队劳动,腰被砸伤,落下了终身的残疾,虽然也能劳作,但腰永远无法直立。但是父亲并没有认命,依然用双手托起了这个家。我们兄妹四人,我排行老三,上有两个姐姐,下有一个妹妹。小时候家里穷,没有自家的房子,一家人挤在公家的土房子里,父母靠着几亩良田养活包括爷爷奶奶的一家八口。爸爸作为家里的顶梁柱,不得不外出打工,他卖过老鼠药,淘过金,收过废品,做过电焊工,做过木匠……

在爸爸外出的时间里,妈妈带着我们兄妹四人和爷爷奶奶生活在一起,过着非常艰苦的生活,穷到甚至连亲戚都没有几个往来的。

爸爸常年不在家,有时候两三年不回来,一年也就是几封信,妈妈总是让我们念给她听。妈妈没有文化,却将整个家庭的压力都扛在了肩上。妈妈很严厉,脾气不好,每次闯祸后我们都被妈妈暴揍一顿。但是有一个这样的妈妈我们感觉很安全,妈妈从来没有抱怨过,更没有因为苦和累掉过一滴眼泪,她为了生活不得不变得坚强。我从懂事的时候起,就自己洗衣服,衣服都是老大传给老二,自然也会传给我。由于老大老二是女孩,所以我从小学到读初中一直穿着女孩子的衣服。不知道为什么,从来没觉得丢人,也许是妈妈给我的能量,有吃的就吃,有穿的就穿。

就这样一个贫穷的家,姐姐妹妹读完小学就不读书了,我这个家里的独苗读了初中,但还是差几分没有考上省重点高中。同龄的孩子都出门打工挣钱了,我也想去。妈妈说,如果不想读了就去江苏二姐在的那个厂里打工,我没有拒绝。就在这时,我的父亲,那个弓着腰,眼神却很有力量的父亲告诉我说,爸爸没什么本事,如果你选择去打工,我什么也给不了你,就家里这几亩田,你这辈子可能就这样了。如果你还想读书,将来不用在农村种地,你自己考虑要不要再复读一年。我想了一会说想读书,可是读下去还要好多年、好多钱,我不想再给家里增加负担了。爸爸用坚定的眼神看着我说,这个你不用担心,只管好好去读书,爸爸砸锅卖铁也支持你到底,要好好读,读了大学有出息了爸妈再享你的福。

　　我就这样开始了复读之路。复读班学习压力很大,每天晚自习到很晚,于是就住在学校。我的早餐就是一个干硬的凉馒头加一根生大葱,一边啃一边走着去上学。中午跑去吃碗面条,然后再拿一个凉馒头作为晚饭和夜宵。当别人晚上都出去吃营养美食时,我会拿着我的馒头跑到操场一个没人的角落里,默默把馒头啃了,然后找到一个压水井,喝上有些浑浊的冷水,嘴里留下的沙子嚼起来吱吱作响。即使在寒冷的冬天也是这样的早餐和晚餐。从来没感觉到苦,也没羡慕过谁,更没跟人攀比过、埋怨过,因为根本没那时间去理会那些,只知道我的父母一定是天底下最好的父母。

　　经过一年的努力,我考上了市里的重点高中。接下来从高中到大学,我的父母承受了太大的经济压力,最难的时候用了4个贷款本,外面借了2个,这个到期了用那个还。在我读大二的那一年,爸爸为了给我治病和支付我的学费借了高利贷。为了躲避债主,爸爸大年三十才敢回家。记得那天下着大雪,我跟爸爸睡在一起,刚睡下不久我出去上厕所,回来快到门口时听到房间有人谈话的声音,是催债的。大年三十,我听到爸爸无助的哀求声,听到债主的霸道呵斥声,我披着外套像个僵硬的木偶一样,面无表情地伫立在雪地里一动不动,忘记下面只穿了一条秋裤。仰望天空,任由大片的雪花打在脸上,眼泪止不住流淌,我的心像刀割一样疼,疼到无法呼吸。不知过了多久,屋里安静了,几个催债的人从屋里出来,看了我一眼,摇摇头从我身边离开了。一会儿爸爸出来了,看到我站在雪地里一动不动,像没事一样走过来说:都听到了? 没事,爸爸能行,会有办法的,进屋睡觉吧。此时的我再也无法克制自己的情绪,终于大声哭了出来,抱住了爸爸:爸,对不起,对不起,我不读书了,过了年就去打工挣钱。从来没流过泪的爸爸哭了,但是马上又面带微笑安慰我说,别瞎说:再坚持两年不就毕业挣钱了吗? 要不然半途而废,之前这么多年的辛苦努力不都白费了吗? 说着帮我拍掉了头上和身上的雪,擦干眼泪进屋睡觉。男儿有泪不轻弹,我再次坚定地告诉自己必须要努力奋斗,尽早赚钱帮助家里解决困难。

大学毕业的那一年,为了赚路费和生活费,我选择了去超市做保安,一个月赚了人生中第一笔工资750元钱。也是人生第一次一个人在外面过年,家里没有电话,更没有手机,只是在过年之前通过村里的电话给爸妈报过平安。过年都没能给爸妈拜年,那个大年三十晚上,一个人躺在床上,整个屋子只有一个小闹钟嘀嗒嘀嗒的声音和自己怦怦的心跳声。

过完年,我拿着几百元的工资来到了我工作的地方:永康,做外贸业务员,那是2006年。目标只有一个:努力赚钱,要用最快的速度帮父母把账还清。记得当时公司招了11个新的业务员,住宿是上下铺。每人一台电脑,一个本子,本子上是一些老的客户数据。由于没怎么摸过电脑,打字只会用两个食指,别人发一封邮件5分钟,我可能需要半个小时甚至一个小时以上。经常被别的同事取笑。他们发完邮件就会听歌,打游戏。当他们下班了,睡觉了,我还是在打字发邮件,打电话,没几个人知道我什么时候睡的,什么时候起的。结果那一年第一个接到订单的是我,单子最多的是我,业绩最好的是我。

第一年我一个人的业绩超过了其他10个人的总和,第二年还是绝对的冠军,用一年多时间把家里的债还清了。第二年回家过年直接拿给爸妈一万元崭新的现金时,爸妈脸上那幸福的笑容,永远铭刻在我心里。

后来大大小小的公司又去过几个,无论工厂条件有多差,市场形势有多低迷,接受改变不了的,努力改变能改变的,逼自己做到最好是我一直以来做事的准则。后来买车买房,娶妻生子。目前也带过很多个团队,也培训和影响了很多人,很多企业家和客户把他们的儿子交给我来带。经常有业务员、经理、公司老总、外协老板等问我这样的问题:刘总你当过兵吗? 总感觉你是当过兵的,身上有股强大的正能量。为什么还像当年那么拼,那么努力奋斗呢? 感觉没任何事能压倒你。我对此只是微微一笑。

我没当过兵,更不是打不倒,而是我倒过无数次已经爬起来,慢慢有了免疫力,不再害怕了而已。如果非要问我的能量来自哪里,那么,最好的方法是磨难,最好的教练就是我的父母。

父母给了我一双坚强的翅膀,让我勇敢奋斗,不怕孤独,不惧悲伤,天下之大,任我翱翔。他们教会我纵有疾风起,人生不言弃。他们是世上最伟大的父母,也是我人生最好的教练!

(2019年1月10日,日精进第369天)

◎洞见:生命不息,奋斗不止,不只是在嘴上,要在行动上。坚持奋斗已经二十几年,奋斗早已融进我的血液、灵魂,变成一种习惯。

我的奋斗

田兴旺

幸福都是奋斗出来的,这是习主席2018年新年贺词中讲到的。我的奋斗其实是一次抉择,是一次证明,是一种重塑自我。

不满于稳定、安逸的工作状态,从那个时候的工作形态基本能看到未来5年后乃至更久的职业发展方向。大概是在元旦前后,自己毅然做出一个选择,选择与当时完全相反的行业工作,去做一名销售员。那时,我就决定去浙江发展,而且是民营经济颇为活跃的金华地区。2013年初,由于各种缘分加入了浙江曙光颜总的团队。还记得颜总在面试的时候问的一个问题——"你没做过销售,觉得怎样能做好?"当时的确没有充足的理由和答案给颜总,想着只要愿意干、愿意投入,有奋斗的决心,相信自己能做好。这样就开始了销售工作,一开始就是学习,那个时候的状态基本上是车间、办公桌前,即便是晚上也会在办公室继续学习轮毂知识,一个个轮毂型号,各种各样轮毂颜色、工艺,一个个轮毂数据,各种各样的汽车品牌及各个品牌车型。

第一年熟练掌握基本知识,第二年熟练掌握常见汽车品牌车型。不熟悉销售技巧就买书学习,同时也在网上听各种课件,逐步掌握各种销售技能。基本的东西有了,接下来就是干了,每天给自己设定目标:要拜访多少客人,拜访哪些层次的客人。跑遍了大半个浙江,跑遍了江苏,乃至后来的山西、河南、内蒙古、陕西等。推销的品牌有大众、马自达、保时捷、路虎、奔驰、宝马,这对于自己是一次历练。还记得跑的第一家4S店是台州的别克店,那时硬着头皮进去,却只在总经理那里留了个名片。经过6年的历练、奋斗,自己慢慢成长并取得一定的成果,娶妻生子组建家庭,买房买车。

我做销售的6年,也是我努力拼搏奋斗的6年。奋斗很辛苦,奋斗说起来容易做起来难,奋斗更重要的是超越自己。

(2018年12月30日,日精进第332天)

◉洞见:我的奋斗就是脚踏实地,一步一步向前走;我的奋斗就是一次次超越自我。回顾我的奋斗史,可以用几个词总结:务实、肯干、坚持、学习、成长、感恩。

我若不勇敢,谁替我坚强

童真真

彼得逊说过:"人生中,经常有无数来自外部的打击,但这些打击究竟会对你产生怎样的影响,最终决定权在你自己手中。"那是小学四年级的一个夜晚,我睡得正香,迷糊中听见"真真,快点,快点,快点",父亲把我从睡梦中拎起来,就奋力跑出房门。我回头一望,那熊熊大火仿佛发了疯似的,随风四处乱窜。在门外的母亲要往火里冲,我突然惊醒过来,狂奔过去紧紧地和母亲抱在一起,母亲哭着说:"我所有的东西都可以没有,但不能没有你呀,我的孩子!"

一场无情的烈火,把我家所有的东西烧得干干净净,连个落脚点都没有。接下来的日子常常看到父亲那无助的眼神,母亲布满泪花的双眼。那种日子真的很难受,但我的母亲却告诉我:"房子没了可以重建,只要努力,生活一定会越来越好!"

从那以后,我学着为家庭分担,每当暑假都会去赚取生活费。记得大一时的暑假,自己起早贪黑去卖菜,被太阳暴晒得整个人都像黑炭。开学后同学说:你去非洲了吧?而我想到靠自己赚来一笔学费时就幸福满满! 就这样,每年暑假做生意奠定了我后来的销售基础。

大学毕业后,我自然就从事了销售工作,在生完大宝后有幸接触了皮具行业,从此踏上了制造业之路。我立志在10年里不仅要办好厂,而且一定要买下土地建造自己的厂房。我没有像其他人那样,自己既是老板又是员工,既是销售又是采购,什么都自己来,一开始我就布好局,采购、厂长、仓管都请能人做,自己只负责销售和财务。

在办厂的第二年,生意跌落到谷底,至少几百万的货压在库房,怀着二宝的我真是无比焦急。但冥冥中有个声音告诉我,所有的逆境都是暂时的,总有一天能走出这样的局面。生下二宝的第三天,我就毫不犹豫地回到公司,努力寻找客户,用心揣摩,不断创新。功夫不负有心人,销量慢慢上来,员工也从开始的30人到200多人。用了6年时间,我成功买下了属于自己的厂房,实现了第一个目标,当然家人的生活从此也得到了改善!

童年的那场火灾无数次出现在我的梦境里,就如一根刺深深地扎在心里的某个角落。其实我得感谢那场大火,让我学会勇敢;感谢那场大火,让我学会了坚强;感谢那场大火,让我学会了奋斗。

(2019年1月10日,日精进第775天)

◉洞见:人的一生并不长,不同时期都会遇到形形色色自己意想不到的事情,但遇到困难时我们不应该退缩,而应告诉自己:我若不勇敢,谁替我坚强!

我的成长之路

李　曦

2016年2月28日，我开始了在永康的故事。当时一个人怀揣着帮助朋友的梦想，心想浙江美如画，就这样来到永康这个陌生的城市。到夏溪村后发现和想象的浙江简直天差地别，说服自己反正没想过要多待，只是计划来3个月。

5月6日回到广州，没想一个月后又回了永康，6月9日交接完开始工作，面对着忽冷忽热的天气和灰蒙蒙的空气给身体造成的各种不适，美容院和前店后院的经营理念也大不同，消费水准更是落差极大。关键是每一天顾客进店流量平均也不到3个人，算算房租、员工工资、经营成本，发现是自己没事找事，带着我所谓的梦想和一触即溃的自尊真是有点难以坚持。常在深夜想要放弃的边缘说服自己："一件事一旦选择了，不管是A还是B，选择了就应该坚持下去。"就这样坚持了下来。果然，6个月后营业额已稳定。因为方便工作，所以住在夜市，到晚上更是睡不好觉，每天早上看到镜子里头的自己眼纹在快速增加，加上过完年后培养的人员流失，只能重复着一批又一批地带，每年年初四就出门准备投入工作。

直到2017年底总结，回想刚来永康要调头就走的脾气，到后来一出现在人们面前就笑容满面，无一不是突破了自己。

自此后，也开始喜欢这个城市的文化与便捷，并感恩那个没想要合伙的合伙人提供了市场，更感恩那些陪了我一程又一程的员工，他们的未来一定会是很棒的！更清楚地知道在这条做自己喜欢又一定要做的事业路上，我是没有个性的、零脾气的。

我认真地想了想，如果回到刚来永康的那一年，我会对那个动不动就嚷嚷着要放弃的自己说一句:"感谢你没有选择放弃!"

(2019年1月11日,日精进第342天)

　　◉洞见:创业首先需要热爱、付出、坚持、专注、努力、聚焦、感恩,然后才能享受结果。

数学突破之旅

程鹏扬

人生的第一次择校考试是"幼升小"，我是"90后"，家长们对教育越来越重视。尽管永康是个小县城，但大人们依然愿意花费高额的择校费，从农村进入城区上学。那时永康市区最好的小学莫过于大司巷小学，儿时玩伴都是交了高额的赞助费才得以进入，而我却是因为数学考试得到了高分被录取的。

但那时并不知道自己在数学上有天赋，直到二年级时发现，小朋友都讨厌的思考题，却是我最喜欢的。那种超出难度的题目经常难住同班同学，而我却对它产生了兴趣，并且常常用非常巧妙的方法解答出来，得到老师的盛赞。我也非常喜欢学习高年级的数学，常常和邻居大姐姐学习高段的数学知识。每当数学课时，老师在课堂上问，谁会解思考题，总是我一个人上台跟大家讲述整个解题过程。看着同学们不可思议、赞叹的表情，以及来自老师赞扬的目光，巨大的虚荣心与荣誉感让我越来越喜欢数学了。

后来我以优异的成绩考入宁波万里国际中学，第一年就被班主任老师推荐进入奥数培优班。然而年少的我却没有坚持下来，网络游戏吸引了我几乎全部的精力，我经常翘奥数课去玩电脑。对数学的热情不再，老师和家长发现我的问题后，一而再再而三，苦口婆心地劝导，却依然无法扭转之前我玩游戏欠下的债，最终我在数学竞赛上一无所获。

这件事情给我不小的打击，在高二的时候我进入国外的高中，或许是国内良好的数学教育氛围，让我又一次有了发光的机会。在澳大利亚读高中时，我选修了三门数学课程，凭借着超人的理解能力和钻研的精神，我屡屡在校内举办的数学竞赛中获得最高荣誉。而同学们也因为我的数学能力经常跟我交流，探讨数学的解题方法。高三那年，多年的夙愿终得以实现，我获得了澳洲奥林匹克数学竞赛的两个大奖，也创造了我所在的学校高中数学竞赛的最好成绩，我的数学老师甚至惊讶到不敢相信。

（2019年1月11日，日精进第659天）

🏵洞见：每个人都有自己独特的天赋，有的被开发，有的被埋没，也有的开发出来但又走向埋没。天赋固然重要，但贵在坚持！

生命不息,奋斗不止

胡晓爱

我出身农民家庭,父母靠种田、卖菜、种葡萄和养猪来获得收入,父母赚钱的不容易与那种勤劳苦干早已深入我心底。19岁高中毕业后,我一边在工厂上班,一边去读电大,总想往上走,让自己做个管理层,而不是最基础的操作工。

一心想拿高工资,认为苦点累点都没事,只要有钱赚就可以了,所以车间里啥活都积极去干。星期日一有空就跟父亲去卖菜。有一次我偶然间去华丰菜场,发现板栗很便宜,就批了一袋让爸爸带去卖,结果赚的钱比卖菜的钱还多。自那以后我就有一个念头:只要掌握市场需求,就能赚到钱。

26岁结婚了,夫妻俩看中永康五金是一张名片,于是,在五金城和别人合开了半个店面。每天早上开门比别人早,关门比别人晚,只要有人走过店门前都会笑脸相迎,问他(她)需要什么吗,进来看看。朋友聚会聚餐,我们几乎从不参加。乡亲们从乡下赶到永康市区来看烟花,我们都在打包发货,一心只想把店经营好,为的是在40岁之前过上自己想要的那种生活。

付出总有回报,小两口从半个店面渐渐有了自己的两个店面,仓库也从原来的10多平方米到现在的500平方米,这10多年来可以说是顺风又顺水。

近几年发现,生活富裕的今天更渴望的是精神上的追求。我开始学习,参加企盟慧特训营,去听各种各样的课。因为我知道我的内心不协调,我必须不断地适应我的两个娃。我15岁的儿子接受应试教育,10岁的女儿接受素质教育,在同一个家庭里面,有两种不同的教育理念。有时儿子问我:个人兴趣爱好和文化课哪个更重要?我总是在纠结着,所以我必须不断地学习,来提升自己。

(2019年1月18日,日精进第797天)

◉洞见:我经常给老公的爷爷奶奶洗脚、剪指甲、推轮椅,只要是能哄他们开心的事,我都愿意去做。去年村妇女主任要我的照片,想去评模范先进,被我婉言拒绝了。今年推荐我去争取"浙江好人""金华好人",我欣然接受了。幸福是奋斗出来的,生命不息,奋斗不止,我将一直奔跑在这条道路上。

人生就像"打怪"

郦 攀

2007年,我大学毕业,兴致勃勃地回到永康。进入门厂,参加了人生中第一次广交会。那时生意是真好,人潮涌动,老外拿着美金到处转悠,时刻都在寻找着投资的机会。面对满满的市场契机,我也许得到了幸运之神的眷顾,同去的6个业务员里面,只有我拿到了2个高柜的订单。因为时间紧迫,客户定好隔两天签合同。

那时候的广州是比较乱的,我内心其实还是有不小的害怕。但是,为了签订合同,我还是踏上了地铁,来到当地最豪华的酒店。对方代表来自一家世界著名的建筑公司,也按约赶来了。签合同走着流程,从确认细节到写下签名,我一点也不胆怯地跟他们签订了第一个订单。记得回来的时候晚上10点多,地铁已停,经费有限,于是就步行,再加上出租车,兜兜转转最终回到自己住的酒店。虽然苦难重重,但我依旧开心,感觉那是幸运的23岁。

那一年的工作,为适应外国人的时差,我没有一夜是早于凌晨2点睡觉的,周末休假也成了奢侈。终于我有了成就:在公司半年,我的客户人数全公司最多,车间里生产的基本上都是我的门。看着孩子一样成长的门,再送出国门,我感到由衷欣喜。每个月几十条柜子的门都是我的订单,最骄傲的是我们出口的价格甚至比步阳公司的报价还要高。

2008年,对我来说是人生中最艰难的一年,家里造房子,妈妈得癌症,工作中断,一桩桩一件件的不幸都如同巨石压着我。曾记得,在浙医二院的付费窗口,我掏光了身上所有的钱,只为留住妈妈的一条命;为了瞒住亲戚,马不停蹄地当夜赶回永康工作;借钱的不易,我也开始深有体会。从那以后,我发誓再也不会为了这点钱向别人低头。为了照顾生病的妈妈,我找到一个可以天天回家的工作,不在乎工资多少。

当年唯一的幸运,是由于自己的努力,25岁买了人生的第一辆车。然而,之后几年家里一直不是很太平,特别是弟弟又生病了,而且这一病又将近

10年。

我的英语座右铭是：What doesn't kill me，makes me stronger，so never give up，and always keep up trying. 意思是那些不曾打倒你的终将让你更强大，所以不要放弃，永远保持努力。过往的客户都是良善的人，十分讲义气，知道我在家上班，还生怕我被别人欺负。与此同时，朋友介绍的一个客户，亦师亦友地和我合作了10年，我们相处融洽，至今他和任何中国人聊天，都会骄傲地说我是他在中国的妹妹。

2014年，有了儿子之后，外贸生意也还不错。美中不足的是，我无法时刻陪伴我的孩子。为了能有更多时间陪伴孩子，我创办了爱拓教育。爱拓教育从刚开始的8人到今天的上百人，迄今4年，终于有了学生基础，逐渐走上了正轨。我觉得教育是一项赚钱不多却难以舍弃的事业。只愿以后家长看到我，都对得起他们对我的尊重。我也想自己配得上孩子们尊称的"郦老师"这个称呼。

到了2018年，买房买车，还算不错。现在又到事业关口，希望自己能克服困难，砥砺前行，再创往日荣光。

过往所得应了那句话：学习改变命运！如今我取得的成绩离不开我学的知识和家人朋友的支持。

人生就像"打怪"，当时觉得过不下去，可现在回首，仿佛稍一努力，就升级了。与智者为伍，与良善者同行。精进路上，希望继续和大家携手并进！

（2019年1月10日，日精进第41天）

◎洞见：决定自己一生事业的不一定是你学了什么专业，改变女人一生的往往是家庭！若不是家庭的变故，或许今天自己还躺在安乐窝里享受父辈的照顾。所以善待自己的天赋，有时副业也会成为人生的事业！

回首40年

周　恩

2019年10月10日,时光飞逝,不知不觉自己步入不惑之年了。精进会成员都是有纪律、有组织的,是追求上进的团队。我把自己的经历分成6个阶段,与大家分享。

高三考大学

我自认为不是个聪明的孩子,学习成绩一般,但是家庭和睦,小时家里条件还可以。印象比较深刻的是,只要一到夏天,自家庭院里就会摆放14寸彩色电视机,供邻里一起观看《西游记》。因此自己在家里的保护下,过着无忧无虑的生活。

1998年我第一次参加了高考,结果名落孙山。1999年参加高复,在舅舅的教导下,自己读书明显认真了很多,成绩也有了进步。第二年的高考,终于如愿考上了宁波工程学院机械系。

大学三年生活

经历了高复,自己突然变得上进了。一进大学,积极参加学校的各种社团,读书方面也没有拖后腿。从参加校青年志愿者协会当干事,到学生办公室主任,组织同学们参加各项社会实践活动、义务志愿工作,得到了当时宁波海曙区干部退休所领导的表扬,特意给我们颁发了一面锦旗。大二,我以高票当选学生会主席一职。

通过自己的不断努力,在学校里拿到各项奖励,并获得宁波市十大学生会干部的称号。到大三快毕业前,在校招聘会中,我也荣幸地被一家国有控股企业相中,并且在实习阶段,完成了党员转正,2002年我成了一名共产党员。

上海宝钢集团宁波宝新不锈钢有限公司工作

2002年6月,我正式成了宁波宝新不锈钢有限公司的一名员工,就业部门为技术质量部(质检站),负责现场不锈钢材料的质量判定。从跟老师傅现场倒班到提拔为技术员,我仅用了1年时间。2003年我成功地转到技术岗位,负责质量综合判定、保留处置。一次偶然的机会,领导安排我出差,处理客户的质量异议,得到了客户的好评,从而又幸运地被提拔到了技术室,负责用户服务岗位。2003年下半年到2006年,我一直配合销售部门,协同处理客户的质量投诉,和公司内部同事一起参与整改优化。

2007年我被正式转成产品经理,联合上海宝钢研究院一同研发了洗衣机用不锈钢B430LNT材料,这填补了国产的材料空白,摆脱了对日本进口材料430LX的依赖,材料使用性能更优,价格仅是进口材料的一半。通过2年的推进,获得杭州松下、合肥三洋、东莞东芝等洗衣机规模企业的全面使用,2009年,我也成了公司十大优秀员工之一。

由于学历问题主管岗位未被提拔

2010年,上级主管有意识地培养我为主管后备人员,在他即将离任之时,推荐了我。但是新来的部长,以学历为由,把我拒之门外,他从公司酸洗机组引进了一名主管。这让我的工作积极性深受打击。2012年以后,我当产品经理负责永康的保温杯行业。这个偶然的机会,让我接触了不锈钢的销售。在不影响本职工作的同时,我成立了一家不锈钢贸易企业。

永康是一个行业比较集中的地区,保温杯业是国内重镇,每个企业家都比较刻苦,基本是亲力亲为。别看个别作坊相对小,但是每个人都充满了信心,对自身的工作很专一,有一种"啃"的精神。在负责永康的那4年,我深深被他们感染,在他们的帮助下,我的不锈钢企业越做越大,越做越强。我时刻谨记:要把客户服务好,让客户"丧失"思考能力。只有这样,客户才能全心依赖你,才能让他感觉到和你的配合非常舒适。

从宁波宝新不锈钢有限公司离职

2016年9月18日,一个非常特殊的日子,我离开了工作15年的企业,专心打理自己的企业。刚离开的那段时间,感觉自己好像失去了依靠,幸亏在永康那些好客户兼朋友的支持下,在宝钢前辈杨总的引荐下,我接触了青山集团福建甬金。2016年,不锈钢行业一路向好,让我有了一个不错的开端。

在接下去的3年里,我每年优化调整自己的结构,在永康开设加工中心。为了更好地服务客户,2017年在无锡设立了销售公司,提升自己在不锈钢市场的敏锐度。2017年是丰收的一年,各项目开展顺利,但是我忽略了一点,自己不在场的企业,必须对财务有一定的把控。随着市场竞争的不断激烈,市场信息不断透明化,贸易行业的利润在不停缩水。2018年10月份,自己痛下决心:第一,放弃无锡贸易公司;第二,由于永康加工厂的临时拆迁,放弃了自己304不锈钢贸易业务的80%,转战400系列汽车用钢。

400系列汽车用钢的转变,资源化整合,进一步依托钢厂

2019年初完成了我的产业结构调整:400系列汽车用钢实现了稳定销售;成立了一家研发销售公司,致力于科技精密行业的开发,依托当地科创中心,在得到政策扶持和奖励的同时,我的浙江宏泰精密科技公司还参加了2018年底的中、英、印三国国际科技比赛和宁波第三届鄞创科技比赛,分别拿了三等奖和一等奖,这坚定了我走科技创新之路的决心;成为福建上克企业的核心代理,9月份实现了1000吨的销售量;新成立了欣牧科技(宁波)有限公司,成功代理了酒钢不锈钢的某些钢种,计划布局国内区域销售。

永康是我的福地,我在那里开始,在那里学习,在那里成长,永康人民的奋斗精神时刻影响着我。

(2019年10月10日,日精进第629天)

◎洞见:2019年是一个新的创新年,希望在这里,在永康市精进文化协会会员的相互学习、相互监督下,让自己和企业有一个长足的提升。

中国梦，我的梦

赵爱民

每个人都有自己的梦想，当每个人的梦想都聚集在一起的时候，就会形成一个强大的中国梦。梦想是我们前进的动力，给我们指明方向。

我出生于1978年，吃饱穿暖是那一时代的梦想。改革开放以后，我们解决了温饱问题，正处少年时期的我梦想成为一名科学家。为了实现梦想，我努力读书，但由于家里穷，没能继续学业。面对现实，我放下梦想，决心改变家里的生活状况，我跟着泥水工做学徒。我用心做事，得到东家和师父的一致认可。我认真跟着师父学技术，并改进创新，在家乡打下自己的一片小天地。

19岁那年，中国迎来了21世纪的春风，我站在家乡的堤坝上，望着远方的沿海地区。我重拾梦想，决心走出家门。就这样，我开启了人生的第一站——广东，这也是我的第二故乡。身处改革先行区，我接触到了很多前沿的信息，学到了好多课本以外的知识。不长不短的10年，我从建筑行业做起，在服务行业做过领班，在摩配行业当过销售经理……丰富的工作经历，锻炼了我的工作能力，我从一个见到女孩都会脸红的大男孩蜕变成销售精英，为我今后的创业打下了坚实的基础，为实现自己的梦想开启了方向。

2005年，为了家庭我来到了第三故乡——永康。永康是一个新兴、开放、包容的城市，这里的人聪明勤劳，这里的产品应有尽有，这里的交通物流便利，这里的政府开放务实，这一切非常适合创业。经过两三年的适应、打拼，我在永康扎下了根。2006年，我离开工厂，拥有了自己的防盗门锁门市部。2008年，根据市场的需要，我舍弃门店，租用简陋的场地开始组装产品。从最初的购置托板、推车的简易生产方式到装配流水线的配置，到后来的购买大型冲压设备和精密高速冲床，实现了自动化生产模式。工厂从外购部件装配到实现零部件自产、产品设计开发、成品制作等自动化工艺流程，产品远销国内外市场，为工厂管理和产品质量打下坚实的基础。

回首往事，我一直追逐着梦想的脚步。为了实现梦想，我用心学艺；为了实现梦想,我背井离乡;为了实现梦想,我时刻严格要求自己;为了实现梦想,我带领企业员工精益求精……

如今,人到中年,我有幸结识了一群有梦想的人——日精进的家人们!这里有优秀的企业家,有行业的佼佼者,有无私的慈善家;这里有时代的责任感,更有日日精进的精神!

我们将共同开启梦想的大船,驶向更远大的梦想!

（2019年1月11日,日精进第191天）

◎洞见:磨炼可以让我们更坚强,长期坚持自己的梦想总有实现的机会!梦想不分大小,梦想有时会随着自己的年龄和环境而变化,但不变的是我们自己内心那份坚守和追求!正是因为这份坚守和追求,我们不断前进!也正是因为中国有太多的人在坚守自己的梦想,中国变得越来越强大!

致奋斗的自己

郎　朗

"你还很年轻,将来你会遇到很多人,经历很多事,得到很多,也会失去很多,但无论如何,有两样东西,你绝不能丢弃,一个叫良心,另一个叫理想。"

我出生在农村,一个特别普通的家庭里。有一个比我小6岁的弟弟,父亲和村里的男人一样常年在外,从小我对"父亲"这个名词就很陌生。村里的大人总告诉我说:"你有了弟弟以后,爸妈就不爱你了!"幼小的我信以为真,不断去印证这句话。每当父母因为弟弟批评我,一个声音就会出现:父母果然不爱我了! 渐渐地我越来越独立,越来越坚强,越来越不服输!

中专幼师班3年里,我学会了声乐、舞蹈、绘画、钢琴、铜管乐……每年暑假,我都体验暑假工的生活。我们有一个乐队,周末经常在酒店门口演奏。每次都能赚到几十块钱,攒够一周的生活费。自食其力的感觉特别好,3年经历对我今后的人生起到决定性的影响!

毕业后,我早早步入社会,成为一名幼儿园的教师。园长特别欣赏我开朗的性格,每次都只带小班,原因就是我的亲和力比较强。

一次非常偶然的机会,一个朋友邀请我去参加三峰公司的年会,我在台上献唱一首《青藏高原》,那是我离开学校后第一次登台。就因为那次演出,传媒公司找到了我,从此我走上了演艺道路。记得那时候一次演出只有100元,而每次的演出服却远远不止这个价。因为那是我的梦想,所以从来没有觉得吃亏,也没有觉得辛苦。

记得一个冬日,我们接到去壶镇小山村演出的邀约。天下着大雪,我们的舞台搭在了户外操场上,每个演员上台都穿得特别单薄,站在台上的我强忍着寒冷,热情地挥舞着手臂,与台下裹着棉大衣的观众们用力地互动。两首歌结束,我的嘴唇冻得发紫,全身冰凉,双腿已经完全迈不动……

经过努力,我从一个小小的歌手,成为一名主持人。回首十几年的演艺生涯,正是从小拥有的一份坚持、努力和不服输的信念,促使我不断往前迈进。

（2019年1月10日,日精进第165天）

◉洞见:每一次登台留下的不只是宝贵的经验,更是金钱买不来的资源和人脉。人生的每一步,都有太多需要感谢的贵人,最重要的是感谢自己,永远带着微笑和自信向前冲!

第四辑

冬天队

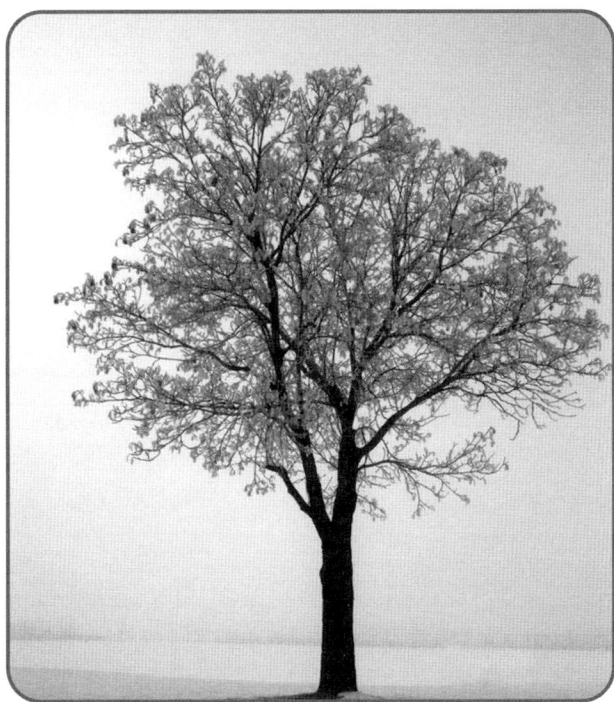

新的起点

孙肖英

我父母生了两个女儿,在20世纪七八十年代的农村,如果没有儿子,妻子又是外乡人,就会被旁人欺负与嘲笑。因此,父母从小把我当男孩养,让我知道如何担当。

我高中还没有毕业就进入社会,在拖拉机厂开机器一年,感觉那不是我所追求的目标,于是就去了华联商厦卖鞋,有时做礼仪小姐、模特、演员。

在这里我收获了爱情。其实时间是流逝岁月的沉淀,冲刷了很多恩怨情仇。回想跟先生从相识到相爱已经19个年头,2001年一结婚,我就借钱买印刷机,想开辟一个属于自己的市场,大着肚子四处奔波跑业务,哪怕是接个小单子都觉得是最幸福的时刻。皇天不负有心人,在2002—2003年,我们不但收获了人生的第一桶金,还与先生有了爱情的结晶。

但是,人过于膨胀就会付出很多意想不到的代价,哪怕你能收获第二、第三桶金,没有合理的规划,都会以惨败收场。人只有在失意与落魄时才能体会真正的亲情、友情。

2015年4月,我去一家保险公司找了一位老朋友。圈子能改变命运。5月,我正式成为合格的保险代理人,有领头人的引领,让我的心慢慢变得富足,远离了很多抱怨,丢弃了很多烦恼,重新梳理自己的人生。

在保险领域的3年时间,我收获了友情,还有内心的强大与转换方法。在那里我是快乐幸福的,不但有鲜花绽放,还有荣耀,让我这么多年紧闭的心门敞开,迎接崭新的人生,知道自己未来的人生该往哪里走。

特别感谢经理把我带入永康市精进文化协会这个充满大爱、温暖的大家庭,这里也是很好的学习场所,又是传递正能量与大爱的智慧碰撞的摇篮。

2016年6月,我加入企盟慧总裁班,总想学习更多的知识。上台挑战与小伙伴的默契交流,加上一个个传递智慧能量的老师,总会让我收获幸福。

2016年10月,我去学习教练技术,真正体会到家的重要。在外再多的折腾都不及家人最温暖的一个拥抱或一句话。一家人只要相互携手同行,朝着目标前进,总会有到达终点的一天!

（2019年1月8日,日精进第1337天）

◎洞见:2019年,新的起点。现在儿女都已慢慢长大,想要成为孩子们的榜样,唯有勇往直前,开天辟地,哪怕行业再不好,也要开辟一条属于自己的路,因为夫妻同心,其利断金!

我的成长史

吕红姑

　　我出生在20世纪70年代,父亲是独生子。爷爷家里穷娶不起媳妇,奶奶是她前夫去世后改嫁爷爷的,生父亲的时候已经50岁了。

　　我9岁那年,母亲由于结扎手术失误去世。留下4个孩子,我是老大,最小的妹妹还没满周岁。此后,我照顾弟弟、妹妹,操持家务。6月烈日暴晒,是收种忙季,我背着妹妹给父亲送饭。父亲含着泪水吃饭,我至今难忘。

　　读书时,我带着弟弟上课。早上3点半起床,和奶奶两个人一起一边磨豆,一边把2尺6大的一锅水烧开做豆腐。到6点多的时候做好豆腐,奶奶就起来挑到村里去卖,我去上学。放学后,我就去田畈拔猪草、种地、挑猪粪、挑水灌溉,总之所有的农活我都干,晚上回家写家庭作业。最怕寒冷的大冬天,十三四岁的我,正是长身体要睡觉的时候,困苦寒冷交加,手上、脚上长满了开裂的冻疮,碰到那个咸的豆腐水,钻心地痛。由于家里穷、孩子多、家务重,我读到初中毕业就弃学在家干活。

　　我16岁那年,父亲得了肝炎住进医院,继母照顾父亲。由于家里有3亩多稻谷要收种,而奶奶也已经七十几岁,小的还有继母生的弟弟、妹妹,我就是家里唯一的顶梁柱。看着暴雨把我们家的稻谷都淹没了,我就召集我的同学帮我一起割稻,把3亩多的稻谷都抢回家。就在那一年,与我相依为命、老实善良、任劳任怨的奶奶由于操劳过度离开了我们。

　　18岁那年,我开始自产自销做起了被套,一年除了家里的零用开支,过年还有1万元可以上交父亲。在1993年,1万元相当于现在的20万元了。我的生意做得很红火,聘用了几个缝纫机工。可隔壁邻居是我的同行,看我人小,生意好,就欺负我。记得有一次,我骑着自行车载着120斤重、1米宽的布,自行车后面重、车头轻,车摇摇晃晃。当货车从身边经过时,我拼了命地按着车铃避让,当我下车进入弄堂的时候,几乎是把整个身体压上去不让自行车头翘起来,并使劲往前面送。我在车上原本已经摇摇欲坠,加上下雨天又湿又滑,邻居故意冲过来撞我一下,把我碰得连人带车四脚朝天,100多斤重的布还压在了我的腿上,他却头也不回地走开了。

那一刻我发誓,一定要赚钱超过他们。当时的我把怨恨转化成了挣钱的动力。从小我就想:只要努力了,没有办不成的事。这份力量也来自父亲,父亲一直把我当儿子用,也把我当成顶梁柱,我的骨子里从小就被灌输了责任感和使命感。

我出嫁后创业的过程中,基于从小的磨炼,一般的苦、一般的难、一般的挫折已经完全不怕。一路的艰辛道不完述不尽,就这样默默地、坚强勇敢地面对着生活的坎坷和磨难,也正因为这些磨炼和经历,让我成长,并成就了现在的我。

(2019年1月9日,日精进第387天)

◉洞见:所有发生的一切都是来成就我们的。我感谢老天爷的安排,让我先苦后甜。所谓故天将降大任于是人也,必先苦其心志,劳其筋骨,饿其体肤,空乏其身,行拂乱其所为,所以动心忍性,曾益其所不能。在我艰苦难忍的时候就会想到这段话,给自己打气加油。

感恩父母的教育培养让我练就一身的本领,有责任感、有抱负! 感谢先生的爱护,让我感受到家的温暖、爱的能量!

我的马拉松

徐祖敏

路漫漫其修远兮,吾将上下而求索。我的人生用脚步去丈量。

我出生于白云山脚下的一个小山村,那里风景秀丽,群山环抱,松花飘香。幼年我过着放牛、砍柴、背树、挑水、打猪草的生活,从而养成了我吃苦耐劳、自强不息的精神。

回想我小学、初中阶段,为了求学,每天背着书包起早摸黑、连跑带走,赶到几公里外的学校,平时的不经意,练就了我柔韧的体格和奔跑的耐力。每次校运动会,我都是800米和1500米比赛的冠军得主。高中时在秋季运动会上,可谓高手云集,一个不起眼的我,却一鸣惊人,击败对手,得了1500米的冠军。之后我被选入校运动队,成了中长跑队员。那时因思想很单纯,只想着以后不从事体育事业,感觉那不是我想要的,就婉拒了教练的再三挽留,毅然决然放弃,从此专业的长跑训练与我擦肩而过。

时过境迁,几年的大学生活中,绿茵场上也不再有我的跑步身影。毕业后为人妻、为人母,注重相夫教子,激烈而高强度的运动更是与我无缘。

党的十八大以来,党中央积极号召建设健康中国,崇尚全民运动。一项集坚持、超越和自强不息精神的马拉松运动在中华大地迅速风行……

2017年9月,得知本市将要举办首届马拉松赛。家门口的马拉松,意义非凡,重新唤起埋在我心底封存已久的那股冲劲。试想一个人的一生什么最重要?怎样最完美?当然是健康的身体和永不放弃的精神。心动不如行动!9月7日,开启处女秀,完成健康欢乐跑4公里,找回奔跑时那酣畅淋漓的感觉。2017年12月3日,参加杭州首届国际女子马拉松赛;2017年12月10日,参加"跑进五金之都,品鉴活力永康"2017年永康半程马拉松赛;2018年4月22日,参加浙中生态廊道2018年金东乡村绿道马拉松赛;2018年5月5日,参加"相约江南最美古道,重走红军路,穿越红五村"永康新楼红色之路山径赛;2018年10月20日,参加"跑进状元故里,体验大美乡村"2018年永康市龙山镇体育嘉年华迷你马拉松;2018年11月4日,参加杭州马拉松等项目;2018年11月25日,首次参加全马——绍兴国际马拉松赛。我一步步成长,跑步总里程2018公里,目标达成,完美收官。

(2019年1月13日,日精进第1263天)

◉洞见:生命在于运动,运动贵在坚持。时间是最伟大的书写者,总会忠实地记录下我们的每一个奋斗足迹。

唯有跑过,方能懂得。跑步是生命的解药,跑中自有千钟粟,跑中自有黄金屋。起点有人为我们鼓掌,途中有人为我们呐喊,终点有人为我们守候,一路用自己的脚步丈量生命。

人生感触

周伟军

我从学校毕业到参加工作，一直都很顺利。虽然家庭并不富裕，但父母都有一份工作，自己作为家中年龄最小的一个，得到父母与姐姐们的无限疼爱。结婚为人妻、为人母是大部分女人必经之路。

1990年，儿子出生，因是脑瘫儿，从此踏上了寻医路，杭州、上海、北京，只要听说哪家医院好就赶过去。那时老公经常出差在外，自己要上班又要带小孩，儿子到了5岁才学会走路。孩子6岁时，老公由于承受不了压力，选择离婚。但作为母亲的我，自己十月怀胎辛苦生下的孩子怎能放弃？如果我也放弃了他，那儿子的人生将画上句号。我认命的同时，也暗下决心，为了儿子，从此不嫁。在当时，自己有一份人人称为"铁饭碗"的固定工作，且有一份稳定的工资收入，独自抚养儿子还能应付，更何况还有家人与朋友的帮忙。

但这清闲的日子不长。1999年，原本生活安逸的我，随着单位体制改革成为一名下岗工人。我与人合伙开过店，但由于某些原因没能继续下去，从此开启了打工之路。原先，经人介绍到一家门厂做销售内勤。一个一窍不通的门外汉，天天要对全国各地的经销商打电话催款，还要与外协厂家结账，晚上回家经常是七八点钟，每月连休息天都没有。忙里忙外，小孩也由父母帮忙带，那几年的确是辛苦。然而我却是幸运的，遇到了贵人，他们一家人对我像对待亲姐妹一样。

2003年，朋友一家办起了电器公司。2004年，我辞去了门厂的工作，来到了电器公司这个大家庭，直到现在。在这个大家庭里，只要遇到家里有事，同事们二话不说都会帮我，我收获了同事们的无私帮助与友爱。朋友一家给我提供了一个这么好的平台，让我不为生活所困，从此生活越过越好。心情不好时，朋友还是我忠实的听众，也是我的精神良师。从自己身上，印证了人们常说的：选对平台，跟对人，成就美好的人生。

2008年，儿子也在朋友的帮助下进入永康市著名的门业企业工作，有了稳定的收入,可以自食其力,实现了他应有的价值。

（2019年1月13日,日精进第1477天）

◎洞见:回望过去,自己一路走来有太多的不易、太多的辛酸,这些都是上天给予自己的安排,唯有去接纳。人的一生中,谁都不可能是一帆风顺的,只有经历风风雨雨、酸甜苦辣,这样的人生才是富有的、充实的、幸福的!

永远保持一张笑脸

徐丁双

一个人的成长史，无疑就是一部奋斗史，信息随时高速传递，远在万里之外的成功史，瞬间传到我们的耳边。成功者都会以他自己和别人的成功经验来引导我们，让我们一直绷紧一根弦，生怕自己落后于时代。

从开始上学起，老师们的焦点总是停留在三好学生、优秀干部身上，他们就是学校的榜样。自己从上学开始，早起晚睡，勤奋学习，渴望用成绩来报答父母辛苦的付出。在自己的努力下，我的成绩一直在学校名列前茅，并把各种奖状拿回家。可是压力却总是伴随自己，有时到了期末考试，身体自然会启动生病模式，这样可以让自己的成绩退步有一个借口，可以得到老师和父母的理解。

学校毕业以后，我进入工厂上班，这更是苦学技术的过程。很快，我的职位得到了提升，一直做到了生产厂长的位置。在别人眼里一切都是顺风顺水，虽然没有太大成就，却也自我感觉良好。

听了更多成功人士的课程，更加感觉一个人如果没有梦想，就白在这世间走一趟。可是，鞋穿得舒服与否，只有自己知道。一路走过来，却发现自己脸上的笑脸变得僵硬，很难找到儿童时代那份童真。

幸运还是眷顾自己的，在2011年，我遇上了人生导师，开始去寻回那个真正的自己，那个渴望遇见的自己。

（2019年1月5日，日精进第1334天）

◎洞见：一切都开始由繁变简，不再玩高大上的东西，开始认真过好每天柴米油盐的日子，开始在平凡的工作中去绽放自己，开始接受并认可身边人。我感觉进入了另一个空间，在这里可以如此简单幸福地生活！

女儿的成长历程

胡玉琴

　　回想女儿小时候,从4岁开始就喜欢跳舞,一直活跃在各种大小舞台上,舞蹈梦就在女儿心里扎下了根。

　　记得女儿小学快毕业时,突然有一天,她拿了一张录取通知书,兴高采烈地告诉我:"妈妈,我被录取了,我要去读舞蹈学校。"我一听生气了:"你好样的,居然先斩后奏,我不同意,不准去!这样的学校耽误文化课。"女儿说:"这是我的梦想,长大要当舞蹈老师。""不准就是不准!"第二天,女儿居然请来了班主任说情。班主任说:"培养孩子,要看她的兴趣爱好,不能按照你自己的想法。你女儿既然这么喜爱舞蹈,就让她去学,长大一定有出息。"静下心来想想也对,她自己选的,一定会用心。

　　果然不负众望,女儿在金华艺校就读两年后,又考入了北京百汇演艺学校,而当时永康就她一个学生去北京。想想女儿当时胆子真的挺大,那时候没有动车,火车一坐就是30多个小时,而且我就第一个学期报名时送过她,此后都是她一个人去,想想都心疼。每次一去就是一个学期,聚少离多,一个15岁的小女孩在遥远的北方,病了没人照顾。每当那个时候,接到女儿电话我都会泪流满面,千叮咛万嘱咐,叫她注意这个注意那个。

　　女儿有时也埋怨,说我这么多年没有好好陪伴过她。是啊!缺失的母爱无法弥补,这是我的遗憾,想想心疼又内疚。可是,作为母亲也很无奈,那时候家庭困难,需要给女儿交高昂的学费和哥哥的医药费,家里又要造房子,我不得不拼命工作,在孩子面前我都是报喜不报忧,为的是让孩子安心学习。女儿毕业后去了广电局工作,当了舞蹈老师,教出了一批又一批学生,为华溪春晚编排了一个又一个舞蹈,得了一个又一个奖,这让我十分自豪与骄傲。

　　也许是从小就独立,女儿学会了遇到问题自己去解决。可是突然有一天,女儿告诉我,说不想教舞蹈了,想出去找个轻松的工作。我绝不允许,并毫不犹豫地告诉她:"不行,别的可以商量,丢弃专业,绝对不行!路是你自己选的,不管多困难都要走下去。"那时候她问我:"妈妈,我是不是你亲生的,别人的妈妈都那么宠女儿,只有你对我这么严格。"我说:"你以后肯定会感谢妈妈的。"至今我还记得女儿当时的不屑表情。

坚持到第二年,女儿受到了古丽职高高薪聘请,去当了舞蹈老师,一教就是3年。每星期27节的舞蹈课,还有课余小课,女儿根本没时间休息,一天到晚忙个不停。那几年女儿累得筋疲力尽,瘦得皮包骨头。我心疼了,怀疑自己是否错了,不该让女儿这么辛苦。可转念一想,不吃苦中苦,怎为人上人? 也就在那3年,女儿的专业水平、教学能力得到了突飞猛进的提升,也为后来荧星舞蹈学校的发展奠定了过硬的基础。

经常有人问:"玉琴,你是怎么培养的? 女儿这么优秀。"我笑笑说:"我对女儿是放养模式,唯一有要求的就是,做事情一定不能半途而废,一定要坚持,要专注。遇到问题想办法解决,不抱怨。还要孝顺父母,懂感恩。"现在女儿终于理解了我当年的良苦用心,由衷地对我说:"妈妈,谢谢您,没有您当初的坚决,就没有我的今天。"如今,女儿和女婿办起了舞蹈学校,从刚开始的几十个学生,发展到今天的500多名学生,永康有2个校区,缙云有1个校区。

(2019年1月7日,日精进第1078天)

◉洞见:没有哪一个人,是随随便便成功的。只有你付出了百倍的努力,克服了种种困难,承受了别人承受不了的压力,一直坚持,你才会成功!

我们俩

杨宜敏

我的先生16岁做学徒,19岁创业,他在一间小铺里无意间造出了第一台点焊机,从此便与电阻焊结缘。他是个"拼命三郎",整日在车间里扛这个忙那个,一刻都不得休息。未来发展要规划,眼前事项要处理,在摸爬滚打中他从草根慢慢成为行业中的"土专家";为了得到准确数据,他可以睡车间,半小时起来一次测温升;为了一单生意可以一天倒8次车,跨5个省,用"呕心沥血"来形容他一点都不为过。

我自己16岁辍学跟着老爸学车床,19岁毅然返回校园苦读会计专业,23岁与先生开始共同创业。不安于现状的我总是认为自己还可以做得更好,一直没有停下学习的脚步,学了财务总监的课程,还参加了浙江大学、中国人民大学的总裁班课程,每天看看书,写写心得体悟。几十年的学习习惯让我知道学无止境,带着问题去学习,到书中找答案,"活到老,学到老"是人生中必不可少的行为习惯。

2014年,公司开始在管理上转型升级,主动求变,顺应时代,财务是企业的一个痛点。我们毅然决定走正道,规范化管理从此进入公司议程,在规范中堵住了一个个漏洞,在规范中收获了一次次的蜕变,规范化的管理让我们收获了员工的信任。2019年,我们推行"人人都是经营者",财务的透明、公开、规范,得到了员工的拥护,我们的经营理念再一次得到了提升——"员工幸福和谐,企业健康发展,产业创新报国"。

创业27载,外部环境无时无刻在变化,我们也得随时随地改变自己的思维方式、工作方式、生活方式,否则一不小心就会危机四伏。

2017年的7月8日周六下午,我们在日常的工作中给员工多了一项强制性的任务——读《活法》这本书,一年下来《活法》《干法》《心法》我们轮流着反复读了几遍。一开始让大家在群里写听后感、读后感,有些人认真对待,有些人应付着!

读了两年多的时间,改变已在潜移默化中开始。团队之间主动帮忙多了,有了奖金与公司的伙伴一起看电影,早会分享说得最多的就是感恩,报怨在减少。星星之火,可以燎原,文化熏陶的力量开始发挥作用。值得庆幸的是,在大环境如此艰难的情况下,我们的企业业绩开始增长,实现盈利。

27年,我们俩经历着市场的竞争,顺应着时代潮流的变迁,经受着创业风险的考验。我们俩肩并肩,一步一个脚印地走来。

(2019年1月3日,日精进第1534天)

◎洞见:真正的英雄,是那些能伸能屈之人,没有谁一辈子都是顺顺利利的。所以,得意时固然值得扬眉吐气,失意时却不能一味消沉,应积蓄力量,以伺东山再起。这时候的隐忍,才算把人生百味都尝尽,失意时的忍,是知雄守雌,以退为进!

勤能补拙

夏仁豪

在前行路上遇到过的困难，回头去看，自己都觉得很不容易。

人生总会有一些跌宕起伏，不可能一帆风顺，到达一定程度就会考验你的应变能力。一个企业会碰到质量、产能、订单、管理等问题。作为掌舵者，应该如何破局？对于一些人来讲可能这些都不是事，可对于我来说，每一件都是大事，没有把握可以做好，怎么办？勤能补拙，针对每一个环节做出相应努力。

一个厂要发展，首先得有订单。因为自己不喜交际，就一直靠展会开发客户，招聘的业务人员都是女孩子，没有跑市场的胆量，就以打展会上收集的名片上的电话为主。这样根本得不到很好的结果。为了找突破口，我三天两头给业务员讲那"几个心"的理论。相信产品之心、相信自己之心、相信客户之心、相信给客户带来利益之心，甚至邀请了亲戚、朋友公司的销售精英来公司，进行一周一次的智慧碰撞，交流销售过程中的各种情况。当一方提出问题时，其他人员做各种角度的回复，经过了一年的坚持，收到了不错的效果。

销量一上来，生产就出了状况。产量与销量不匹配，人员出现了短缺。为了赶货，天天加班，为了交货期，全厂员工只能每天拼命干12小时以上。每天晚上与爱人物色员工第二天早上想吃的早餐，下半年基本是5:30起床，随意洗刷一下，买好各种早点送到公司，让员工趁热吃好赶在7:00上班，不耽搁生产。就这样经过许多年的奋斗，在2018年终于有了自己的厂房，并且在9月12日顺利搬迁。

（2019年1月9日，日精进第1141天）

◎洞见：回头去看，其实还真感谢当初拼搏的自己，没有努力哪来今天的企业！10年的企业再次整装出发，让咱们一起见证下一个10年。

做生活的有心人

胡瑜珅

镜头一：

让我惭愧的"有心人"

打扫办公室的阿姨，60多岁，因为一件小事，她在我心里埋下了善良的种子。我养了一大簇富贵竹放在办公桌旁，个头比较大，花瓶放地上不太稳当。有一次，阿姨拖地时，为了把角落清扫干净，不小心把花瓶弄翻了，水流了一地。路过的一位同事滑倒在地，衣服湿了一大片。阿姨见状，立马趴下来用毛巾、纸巾擦地，感觉像做错了事情的小孩一样紧张，一直怪自己太不小心。之后，同事安慰阿姨，这都是小事，不要在意。

过了两天，我偶然间想挪一下花瓶时，发现花瓶动不了了，低头一看，原来阿姨已经用一根电线把花瓶绑在墙上的一根固定管道上。那时我内心震惊了一下，这个阿姨想得太周到了！她把办公室当家一样看待，认真打扫，虽然这只是一件小事，我们全体同事都为她点赞！

这个简单的动作，让我明白：无论在什么岗位，只要你是生活的有心人，都能为他人点亮一盏明灯，使生命发出五彩的光芒。

镜头二：

堵车路上的"有心人"

天下着中雨，学校放学路上，家长为了方便接送孩子，缩短雨中走路的时间，把车子都停在路上，占据了一个车道，不一会儿，路就被堵死了。我就坐在车里干着急，不想冒雨下车看路况。过了一会儿，一位中年男子出现在堵车路上，一会儿往这边跑，一会儿往那边跑，耐心地劝说等待中的家长，想尽办法让道路畅通起来。看着这位男子行走在雨中，直到车子动起来，慢慢向前通行，他才回到车上，我心里暗暗地感激他。

堵在路上的不止一个人，而堵在路上的有心人却只有他一个。不管那些路人心里有没有感触,至少他已经触动了我的内心深处。

（2019年1月4日,日精进第210天）

🌸洞见:用心发现身边的有心人,默默为他们点赞,希望更多的有心人来传递人与人之间的温暖和力量。同时,也应该不断鞭策自己,用心生活,绽放光芒,照亮更多人的心灵。

请你记住,上天总会眷顾用心生活的人!

致奋斗中的自己

王绿银

我是个幸运儿，从小在父母的宠爱中长大，虽然家境贫困，但父母的付出和认可，让我深深感受到那一份来自父母的爱。父母勤劳、善良的品质和大爱、付出的精神是我一生的榜样，给予我无穷的力量，也是我最大的精神财富，让我取之不尽，用之不竭。

我的原生家庭跟大多数平凡家庭一样，对财富没有多大的奢望，以解决温饱为目的，而我却总觉得人生不该如此。在20世纪90年代初期，我改变原先安稳的幼教生涯轨迹，加入南下打工的行列，在深圳当起了"打工妹"。凭借传承自家庭的优良品德，我从一个一窍不通的"乡下妹"成长为拿到全组最高工资的"老前辈"，其中的心路历程，也是我一辈子的财富。进入21世纪，自己成家以后，渐渐意识到经济条件的重要性，夫唱妇随办起了注塑加工厂，从此夫妻俩精打细算，积累财富。为了节省开销，一个人顶多个人用，黑夜当成白天用，一心扑在事业上。

可在事业小有所成的时候，我却没有多少幸福感。在工作中，经常埋怨老公为何不"更上一层楼"；在家庭中，经常指责孩子不求上进。总觉得只有我的想法是对的，只有按照我说的做，才可以更完美。可爱人不买账，孩子也会顶撞，在我忙前忙后的同时还一通指责抱怨，所有的"为你好"没有一个人接受。久而久之，我成了一个十足的怨妇，但这一切也都不是我想要的。

在我困惑不解、心力交瘁的时候，我遇到了卓越父母研究院的"父母专业课"，也是10多年的幼教生涯让我有学习的好习惯，我坚信"父母专业课"的理念，能让我的家庭更幸福。在"父母专业课"的学习中，我把它运用到了我的生活中，让我的家人感受到了我的改变，我们整个家族都开始学习"父母专业课"。

从刚开始的自己学习、改变，到后来把卓越父母研究院的理念带到永康，成立了培训有限公司，先后把我们的卓越父母家庭教育公益讲座带到了永康市

365行政中心、永康市妇联等各机关、机构、企事业单位，为上万人普及了家庭教育的重要性，也先后举办了8期"父母专业课""婚姻必修课"，让上千个家庭受益于我们的"父母专业课"。我们的理念通过参与学习的家长们的口碑传播，在永康已经有了一定的影响力。在我身边聚集了一大群有共同目标、为家庭幸福而努力学习并践行的家长，我成就了他们家庭幸福的同时，他们也成就了我。通过自我的不断学习，我现在是亲子导师、绘画心理分析师，为遇见更优秀的自己，我还在继续学习、成长。

（2019年1月8日，日精进第844天）

◎洞见：学习改变命运，学习改变圈子。这句话在我的生命中得到了完美的验证。2018年卓越父母研究院品牌升级为"爱、自然、生命力"的教育体系。我得益于平台的理念，也会将这一教育体系的理念最大化。经过几次的"人生导师班"复训以后，我活出了"爱、自然、生命力"的状态。

我的创业路

程　峰

时光如梭,不知不觉之间,我今年已经39岁了,明年就是不惑之年。在这样一个年龄的关口上,我想回顾回顾自己的前半生,做个总结。

我出生在美丽的方岩山脚下一个叫独松的村子里,在高三以前,不是很懂事,几乎没有好好上过学。也许是一种顿悟吧,突然想证明一下自己,从高三开始,认真而拼命读书。在我现在的记忆里,高三好像没有见过太阳,一直都是灰蒙蒙的阴天,很高的天空上有几只小鸟在飞翔。通过努力,我从刚刚开始的数、理、化这几门课只能考20分左右,到第二次高考的时候,数、理、化能考到130—140分,英语也能及格了。我用2年的学习时间争回了6年的中学时光,而这个阶段,也成了影响我人生最重要的一个阶段,我树立了一个信念:只要我付出足够的努力,我可以做好任何想做的事情!

我的人生观完全改变了,在大学期间,我一边学习,一边参加了许多的社会实践活动。我在大学的学习成绩基本保持班上第二名,同时还参加了勤工俭学,每个月都可以赚700—800元。大学里,我听了很多讲座。当时学校经常会邀请很多成功人士来做讲座,这让我看到了人生的各种可能,于是我对自己未来的规划是创业。所以在我还没有拿到毕业证书的时候,我就毅然离开了学校,投身于社会大潮中。

在社会中折腾了四五年以后,在2005年,我正式创办了公司,主营健身器材。25岁,很多年轻人还不懂事的时候,在我周围的很多朋友还在迷恋《传奇》等游戏的时候,我已经为了公司的生存昼夜奔波、拼搏,所承担的压力真的不是一般的同龄人能够想象的。资金成了最大的困难,我体会到了一分钱难倒英雄汉的滋味!

记得有一次为了凑15万元,分成3万5万地跟很多朋友借,却也借不到,最后只能回家里问我母亲借。母亲知道以后什么也没有说,就把退休金卡里的7万多块钱交给了我。那天晚上回家,我一个人坐在书桌前,眼泪就不争气地流了下来。我在心里立誓,一定要闯出点名堂出来,一定不能让父母失望!

创业初期的那两年,我一共借了160多万元,160万元对于一个25岁的年轻人来说,压力如同山那么大。所幸我没有被压垮,在2007年的时候,公司基本上还清了外债,还略有盈余,公司也逐渐步入正轨。虽然在年轻的时候,我没有那么多的游戏时间,但我在这个奋斗的过程中,企业也在不断进阶、升级,并成了青春岁月里最浓墨重彩的一笔!

公司一路走来,我们在2011年的时候开始二次创业,开拓了我们第二项事业:锂电工具。这次的转型也是波澜起伏,惊险万分。有一段时间由于自己的精力没有放在健身器材上,经营出现了问题,而锂电工具生意还没有起来,我们连发工资都要问朋友借钱,差一点坚持不下去了。幸亏在2013年,我们转型做内销以后,才抓住机遇,企业重新迸发青春活力。在2013—2014年公司转型期间,自己一个人独挑大梁,销售、技术、生产、财务都一手抓,几乎是把所有的精力和心血都投到了公司里。那个时候出差,一个人跑市场,在全国只认识一个代理商的情况下,16天跑了15个省市,跑到最后人都感觉站不稳了。最终市场被打开,我们的产品现在已成为行业里数一数二的品牌。

(2019年1月12日,日精进第1305天)

◉洞见:我觉得创业的整个历程,其实就是人生修行的过程。在这期间,我自己通过教练技术的学习和参加永康市精进文化协会,平时保持阅读习惯,参与樊登读书会等,在各方面提升自己的认知水平和能力,同时也带领着我们公司的团队一起学习,一起努力。我尽自己的最大努力影响、培训公司的同事们,带领着大家一起努力实现"让员工幸福、让产品卓越、让客户满意"的使命。作为公司的创始人,我必须不停地提升自己的修为,带领全体员工,一起实现幸福生活的目标。奋斗,是我们的主旋律!

8年寿险路

王美林

我从小在一个幸福的家庭中长大,虽然家境不是很好,但是父母都是倾尽所有来爱我们。父母虽然没有多少文化,但是待人非常善良和真诚,从小就告诉我"勤劳勇敢、艰苦奋斗、自力更生"的理念,所以原生家庭的教育让我一直有着独立的思想。

我的第一份工作是在搪瓷厂刷字,当时我才15岁,看到父母辛苦,想为他们分担一点。工作两班倒,一班只有3个女孩,我非常努力,不管是速度还是质量,我都是最快最好的那一个。当时3个人所做所得报酬是汇聚一起按平均形式分摊,或许有些人认为很吃亏,但是我从未有此念头,因为父亲告诉我吃亏是福。所以在厂里我一直很受欢迎,一干就是4年。正是因为这些优点,被几家同行公司看中,换了工种不一样的工作,一晃又是4年多。一直以来,我就是那种要么不做,要做就努力做到最好的人,同一个行业我一下干了8年,直到怀孕5个月后,我才离开公司。

2001年7月到2011年8月这10年中,我先后生下一女一男。在这期间,我除了带孩子以外,还在商城租了一个摊位卖过两年童装,在家附近开过超市。在开超市那段时间,我感觉时间充足,又开了三家网店,当时只是想着填补超市以外的空余时间。一开始什么都不懂,从申请会员到店铺落实,从装修店铺到图片制作,从没有产品定位到最终选择酒店用品,从店里所有宝贝被盗到重新装修,从无人问津到顾客络绎不绝,从一家到三家店铺的开张,从一颗红心到四钻店铺,从找货源到发货的点点滴滴,记忆犹新!一天到晚除了电脑还是电脑,除了接送孩子们,所有的时间都与电脑为伍!从销售到发货打包,一双手创造了属于自己的一份价值。

2011年8月26日,人生又一次出现了转折点。那一日刚好停电,接到小姑的电话,她让我带孩子去她公司玩,孩子吵着要去,就带着他去了。在那里,我们聊过去、聊现在、聊将来,我和她同龄,过去和她差不多,甚至感觉我的自身条件比她好,现在我和她差别有些大。她侃侃而谈,我和社会脱轨。开网店这几年我难得出门,未来我想任何一个行业都需要人际交往和沟通能力,而我在小姑身上已经看到了她的蜕变。就这样,我决定进入保险行业。

2011年8月29日,我正式加入保险行业,成了一名寿险代理人。这里我要感谢我的弟弟,进入公司之前我问过弟弟,我说我想去保险公司,想听听他的想法,他说可以去的,保险公司很锻炼人,家里人都支持。当时进入这个行业压力特别大,小姑子已经从业10年了,共同的亲戚该买的也都买了,我根本没有人脉资源,也没有技能。但是我有一个坚定的信念,有一颗真诚的心,一个与众不同的念想,我要教会别人懂得保险,利用保险做好风险转移,我从不情感绑架强求别人签单,我要做一个与众不同的寿险代理人。

就这样,我走进了陌生市场,四路、桥下、古山、石柱、五金城、龙川公园……大街小巷去拜访陌生人。为了让自己成为专业的销售人员,险种条款一条条研究,那些优秀伙伴分享的内容笔记,我都用手机录音反复听。除了开会,我基本都在拜访客户的路上,那一年我的头像挂在永康华溪北路的墙上,一年后我实现了成为全省"明星"的梦想。通过努力,鲜花、荣誉、掌声不再遥远,8年来我可以侃侃而谈,不断给别人上课分享,8年来用业绩实现了翱翔蓝天的梦想。2018年12月15日,公司发来贺报,才知道我是金华地区四季度的冠军,18日我又实现了今年的一个愿望,获得世界华人保险大会IDA龙奖,登上世界的舞台!

(2019年1月7日,日精进第1615天)

◉洞见:8年寿险路收获最多的是心智成长。一路走来,小姑给了我很大的力量,感恩她的引领,让我一步步成长。更感恩所有的朋友,一路的支持与陪伴,是你们让我实现价值,创造了属于自己的辉煌!

当老板真的不容易

徐雄文

我的梦想都很小,小时候很想拥有一辆自行车,长大后想拥有一辆摩托车,后来的梦想是拥有一辆小轿车。现在我的梦想也简单,想让跟随我的同事都买得起车买得起房。

我现在是一家经营中央空调、影音监控、地热采暖、中央热水、中央净水、智能家居兼服务的公司负责人,也即大家所俗称的老板。在以前,只要当老板了,就意味着变成有钱人了,其实并非如此。现在的老板有太多太多的不容易,我记不清有多少次答应陪伴家人,但又一次次失约;有多少次想陪父母亲出去旅游,想趁他们走得动看看外面的风光,但碍于生计,无法成真;有多少次为了应酬,陪客人一杯一杯地喝酒,直到喝不动为止,稍作休息,还要赶往下一场陪另一拨客人,强打精神、强作笑脸,到了KTV继续喝。

2011年8月份,我连续几天都感到身体疲惫、眼睛发黑,实在撑不住了才去医院检查,结果一验血,常人不能超过50的转氨酶指数,我已经到了700多。医生说这都是疲劳过度和应酬喝酒引起的呀,需要马上住院。我一听傻了,怎么办,我不能倒下,我身后还跟着几十号员工和他们的家人,都靠我引领他们前行。病痛得忍,公司运转不能停。

我回公司安排好工作后住进医院,打了一个晚上的吊针,想出一个办法。第二天让员工帮我锯了一根电线套管,上面绑上一只铁钩,去医院让护士把药水打上去后,把其他几瓶药配好,把吊瓶挂在套管铁钩上。自己扛着套管,拎着药水,来到停车场,把套管固定在车门上,摇上玻璃卡紧,就这样一手开车回到公司,一边挂点滴,一边处理公司事务。中间自己换瓶子,自己拔针头,有好几次因为工作中手动了一下,针头移动,导致手像馒头一样肿起来,自己一个人走到附近诊所重新拔出再打回去。

就这样过了两个月。医生嘱咐晚上10点钟前睡觉,不能喝酒,不能劳累过度。可是,过不了一个月,我又把医生的话忘了,废寝忘食,拼命工作,结果第二年旧病重发，又住院了。我还是用棍撑着吊瓶，公司、医院来回，又折腾了两个月。印象最深的一次，一个客户打电话叫我去洗脚，实际上是让我去付钱。当时我打着吊针，开着车扛着吊瓶来到洗脚店，把客户和服务员都感动了。记得2012年的腊月三十，天气很冷，下着雪。下午3点多，接到宾馆老板的电话，说空气能热水器没有热水了，怎么办？员工已经全部放假了，我也不想叫他们回来，他们也要过年的呀。但是客户事无小事，经营场所没有热水就不能营业呀，我决定自己上，带上工具冒着风雪驱车来到古山，爬到9楼屋顶上处理问题。我站在屋顶吹着寒风，耳边听着新年辞岁的爆竹声，手上干着体力活，心里也不知什么滋味，眼泪不由自主地顺着脸颊流下来，流到口中酸酸的，又咽了下去。直到处理完毕回到家中，父母、妻儿围着一桌不知道热了多少次的年夜饭等着我，我赶紧说："爸妈，对不起。"还没有等我说完，父母就说："儿子，没关系，回来就好，平安回来就好。"此时此刻，泪水夺眶而出，对父母的愧疚，对妻子的自责，对儿女的亏欠，不断涌上心头。

是的，当老板很难，随时面临着失败的恐惧，对家庭、对员工、对社会的重重责任，只有一个人默默地扛着。

（2019年1月6日，日精进第372天）

🔘洞见：老板这个职业与其他职业不同，没有那么容易辞职，要么用一生的精力坚持下来，要么用一贫如洗的破产来写辞职书。一个小小的老板，忙得忘记吃饭，忘记睡觉，忘记生病，还忘了孝敬父母，一年下来，却发现依然还是在生死线上挣扎着，赚到的只是老板的虚名，还有一批库存的商品和一笔笔应收款。如果你是老板的家人，希望你包容他，因为他为了一家人的幸福在艰苦奋斗着。如果你是他的员工，请你支持他，因为他为建立一个更好的平台而艰难奋斗着。如果你是老板的朋友、兄弟、领导，请你理解他，因为当老板真的不容易。

做好自己

徐君翠

出生于农村的我,从小听话,办事情认真,但在班级里不是最聪明的那类人。因为认真、老实,不会偷懒,小学毕业时是班级里前几名的学生。到了初中,因为喜欢安静地看书,慢慢地被老师认定为考永康一中的人选。在老师们的期许下,初中三年我非常用心地学习着,当别的同学去吃午饭时,我留在教室里解题。当大家都吃得差不多时,题也解得差不多了,再去吃饭,此时吃饭不用与别人挤,一路畅通,又节约了时间。总之,一门心思用在学习上,功夫不负有心人,自己居然真的考进了永康一中,成为全校仅有的三个上一中线的学生之一,连自己都震惊了。

因为妈妈目睹了我读书的辛苦,和我一起经历了中考的紧张,她坚决不同意我读高中,舍不得让我去经历高考,重新经历一次这样压力重重的考试,所以一定要我报考师范。当年我才13岁,没有见过世面,最远也就去了一次方岩。在妈妈劝说下,觉得去金华上师范也很不错了。就这样我以能上一中的成绩,报考了金华师范的5年制大专班。

师范5年真正全面育人,对于我这样来自农村的孩子,除了语文、数学,还有可以自由活动的体育课,没有正经地上过音乐课、美术课,更别说是其他课程了。而师范里这些课都是主课,每一门都要考试,而且有理论,有实践,一门不通都不行。一时间,我茫然了,音乐曲谱认识我,我不认识它;美术课什么线条,什么阴影,什么色彩搭配,统统不懂;口语课,什么前鼻音、后鼻音,什么平舌音、翘舌音,根本听不出有什么不一样。好在自己是个农村娃,不怕苦,一次学不会,那就学两次,人前不好意思练,人后偷偷练,慢慢地也会了,终于在班级里不再是另类的存在。

此后,我没有悬念地踏上了讲台,新手上路,家长的不信任、经验的不足,一度让自己怀疑是否适合这个职业。还是农村娃不怕吃苦的精神让我坚持下来了,晚上别人睡觉了,我在备课;白天老教师早早改好作业,我还在作业堆里奋战;周末大家出去玩了,我奔波在培训的路上,向优秀的教师学习。多少个休息日,独坐冷板凳,多少个晚上,挑灯夜战,慢慢地爱上教师这个职业,也慢慢地享受着学生成长带来的幸福。

(2019年1月12日,日精进第1280天)

◎洞见:回顾走过的路,发现自己更多的就是坚持不怕吃苦的精神,做着一些普通的事。虽然没有做出什么成就,但至少无愧自己的内心。

口碑是用钱买不来的

徐佩红

我是幸运的。家中祖辈都是城里人,自小在城里的溪下街长大。奶奶是附近出了名的善良之人,从不与人争吵,遇事总是会先替他人着想。

在我小的时候,爸爸就经常在外跑电动工具销售的业务,妈妈经营着一个肉麦饼摊。从小我和弟弟吃穿不愁,爸妈的努力奋斗我们看在眼里,立志长大一定要靠自己的双手去创造,给家人更幸福的生活。

也许是从小就和奶奶睡一张床长大的原因吧,我和奶奶的感情特别深厚。我高中毕业那年,奶奶的身体总是这里不舒服,那里难受,我悬着的心始终放不下。唯恐自己3年大学毕业后才出社会赚钱,就孝顺不了她了。所以我就毅然放弃外地求学的机会,选择就近入学,边读书边工作。

"钱是赚不完的,人的口碑是用钱买不来的,做事之前一定要先做人。"爸爸、奶奶和妈妈从我一进入社会就这样教导我,我铭记于心。

我的第一份工作是到婶婶家开的大酒店做收银员,一个多月后,就承担起和婶婶起早采购菜的任务,半年后酒店的应收款结账任务和内部管理任务都落到了我的身上。我相信,多一分承担就多一分成长,无论收入多少,收获的一定是自己。没想到的是,那时身材高挑又貌美的酒店服务员工资300元一月,而我第一个月工资居然就领到了700元!当时我还未满20岁,却管理着酒店四十几个员工,而且几乎他们的年龄都比我大。初生牛犊不怕虎,用来形容当时的自己是再恰当不过了。可喜的是,在我当酒店经理期间,酒店生意红红火火、蒸蒸日上,顾客和同事对我赞赏有加。也就是在那段日子里,我遇上了一个很爱我、对我很包容的金华男人。

年末时,当妈妈得知追求我的男生是金华人的时候,态度很坚决,不由分说,就是不让我继续在婶婶家的酒店待下去。她认为只要不一起上班,就能割断感情。其间,有很多酒店出高薪找过我,我很直白地坦言回绝了。

第二年年初六,经不住一位原酒店常客——心地善良的温州老板娘的邀请,稍做调整的我,来到了她的机电设备公司上班。虽称为公司,其实只是九铃东路上的两间店面房,工作人员不足5人。名目繁多的机电配件,上百斤重的电线电缆、大型变压器、稳压器、调压器……一不小心,我转身成了一个送货员、装卸工、销售员、结账员。一年半后,一家占地3000多平方米的机电设备大商场在五金城开张,员工人数扩充至30多人,我顺理成章成了一名经理人。

酒店2年半的工作经历,机电设备公司5年多的历练,让我更懂得了珍惜和感恩。2005年,已结婚生子的我和丈夫商量,是时候得有自己的一份事业了。当时,和机电设备公司的老板娘也处成了亲姐妹一样,她满心欢喜地告诉我,她在五金城二期交了12间店面的定金,准备拿7间让我另起炉灶开店,她自己保留5间。我思虑了再三,终觉不妥。"钱是赚不完的,人的口碑是用钱买不来的。"家训再次在我耳边响起……是啊,姐是想成就我,但是既然是同行,做生意期间,难免会有冲突,倘若无意中伤害到她,这份被伤的感情用钱换得回吗?于是我谢绝了她的好意,并和她表明了缘由,她也非常理解,觉得我是有情之人,事情想得细致。

于是,2005年,阿庆嫂土菜馆开业了,如今已是第15个年头。一路走来,有欢笑也有泪水,感谢家人从小对我的教诲,感恩刚出社会时两段工作的经历,它教会了我要与人为善,遇事要冷静沉稳。"日日行,不怕千万里;常常做,不怕千万事。"人生走的每一步都算数,你流下的每一滴汗水,终将成为浇灌未来的雨露。

(2019年1月10日,日精进第1125天)

🌀洞见:生命只有一次,每个人努力奋斗都是为了家人,为了自己能更好地生活,人生要想活得精致,就必须时刻准备着,永不停歇地奋斗,才会走得更远,更加有意义。

三代人的奋斗历程

吴乐希

"吴合兴"品牌糕点创建于 1935 年。创始人吴长生是福建莆田籍人士，1905 年出生于永康市。1926 年，吴长生（时年 21 岁）拜当时在永康开办万顺昌糕点坊的蒋阿乔为师，学做传统糕点食品。1935 年，吴长生（时年 30 岁）自立门户，到永康市的邻县武义县桐琴镇管湖村创办"吴合兴"糕点坊。当时，"吴合兴"糕点坊制作的各类糕点食品，有油金枣、冻米糖、芙蓉糕、薄荷糕、绿豆糕、雪片糕、重阳糕、连环糕、红回回、开口笑、鸡蛋糕、月饼、麻酥糖、寸金糖等十几个品种。"吴合兴"糕点坊的产品用料地道，工艺讲究，味道纯正，价格童叟无欺，深受当地与周边的老百姓以及过往客商的喜爱。当年管湖村马巷路是一条通往武义县城、永康市区、缙云县的商贾大道。"吴合兴"糕点坊在马巷路上众多商铺中，是生意最好的店家之一。

1938 年因抗日战乱，吴长生把"吴合兴"糕点坊从武义的管湖，搬迁至永康万泰巷 1 号，其后历经艰难，惨淡经营，但还是坚持、坚守着"吴合兴"品牌糕点的制作。

1954 年 7 月，永康市对私营商户进行了社会主义改造，公私合营，"吴合兴"糕点坊并入永康县食品厂，吴长生也进入该厂工作，并担任糕点制作师傅与生产负责人，直至 1965 年退休。

吴长生的长子吴子寿，出生于 1936 年，从 12 岁开始在念书之余暇，跟在父亲吴长生身边学做糕点，前后有 8 年时间。"吴合兴"公私合营并入永康食品厂后，吴子寿考入丽水师范学校，随后从事过教师职业，但一直对"吴合兴"的糕点情有独钟。

改革开放后，吴子寿为了传承与发扬"吴合兴"糕点品牌，又开始创业，从1983 年开始，先后在永康溪下街、广场路重新开办了"吴合兴"糕点坊。吴子寿先生一生努力奋斗，特别爱帮助别人，曾经是永康市政协委员、个体协会副会长、工商联常委等。

2003 年吴子寿的长女吴海啸，18 岁高中毕业后，在父亲的要求与指导下，开始学做"吴合兴"的传统糕点。

吴海啸入行后勤奋好学,为传承家族文化,不但将传统糕点发扬光大,同时还外出学习,引进现代烘烤的蛋糕、西点制作技术,使产品更加丰富与多样化。

2005年,吴海啸夫妇又投资创办了永康市江南吴合兴食品厂,生产规模与经济效益都有了更大的扩展与提升,各类产品还进入了各大超市销售,深受消费者喜爱。

2010年,吴海啸又将祖传老字号"吴合兴"注册了商标,决心把"吴合兴"的品牌进一步发扬光大。

2013年,"吴合兴"品牌被授予"金华老字号"永康市农业龙头企业。

2014年,"吴合兴"品牌被授予"浙江老字号"。这一荣誉对"吴合兴"近几年的发展起到了巨大的作用,这是时代对"吴合兴"的认可,被授予老字号称号后,从家族使命走向社会使命。要把永康的特色美食及中华传统糕点发扬光大,把产品做到极致成为吴海啸的人生目标。

2015年,"吴合兴"由俞圳担任总经理,他把公司设备全部升级,大大提升了产品产能。从工艺到包装设计,更是极大提升了食品的品质。

2017年,"吴合兴"品牌逐步发展,公司已设立了近百家销售网点,并在继续不断地扩展中。公司逐步建立起完善的"中心管理＋统一制作配送＋连锁店经营"的运营管理模式。

"吴合兴"历经沧桑,"金字招牌"长盛不衰,在于"吴合兴"人的自律意识。历代"吴合兴"人恪守诚实敬业的美德,提出"修合无人见,存心有天知"的信条,制作过程严格依照配方,选用地道食材,从不偷工减料,以次充好。

吴合兴祖训:食品是良心工程,必须严把质量关。必须坚持"配方独特、选料上乘、工艺精湛、老少皆宜"四大特色,生产出适合大众口味的食品。

(2019年1月2日,日精进第724天)

🔷洞见:小孝是陪伴,中孝是传承,大孝是超越。我是被吴氏祖先挑选的"吴合兴"传承人,从我答应父亲继承祖业的那一刻起,我就下了决心,一定要把"吴合兴"做出品牌价值,把传统地方美食发扬光大。经营好"吴合兴"也是我对父亲的承诺,相信只要努力奋斗不怕苦,坚守祖训,坚持工匠精神,"吴合兴"在我们这一代一定会更加辉煌。

奋斗本身就是一种幸福

陈　婧

有一个关于渔夫和富翁的故事。富翁问海边晒太阳的渔夫:"你为什么不去捕鱼?"渔夫回答:"捕再多的鱼不就是为了现在能晒太阳吗?"

如果工作只是为了享受安逸的生活,真的不需要奋斗。就如当下的我,如果只是为了安稳而不太累的工作,我干吗申请课题,这样就不用面对科研中接二连三的难题和挫折。如果只是为了课题,糊弄过关,真的不需要审慎严谨,并给自己增加工作量。

但奋斗本身,何尝不是一种幸福?

工作本身就是静心的收获。譬如我用这台问题百出的老旧仪器做流动分析。当我不再对故障心烦时,我收获了耐心和乐观;当我冒着捏碎昂贵玻璃件的风险,小心翼翼把它换好时,我收获了勇敢;当我思考如何替换一个配件而不损坏其他部分时,我收获了严谨;当我能通过观察生产线而自行解决问题时,我收获了自信;当我站了一整天,解决了一个又一个的仪器问题时,我体会到了手术大夫脚疼、辛苦之余的那种成就感;当我改进了废液收集系统时,我感受到安全感;当我实验后收拾完一切,开始处理数据时,我感觉到复杂实验成功后的奇迹感,以及实验室还能如此整洁的完美感。

工作本身就是身体的疗愈剂。当我以肝功能200的状态穿越了魔鬼考核周后,我发现无惧能生水,而水能养木(肝),我走出了"工作破坏健康"的恐惧。当我放下私欲投入工作,我开始克服紧张的习惯。当我不断地理清思路,审视工作的思维逻辑性、细节等,我锻炼了自己的思维能力,相信我的脾胃也正在变好中。

另外,奋斗能给他人带来价值。我实验再实验、谨慎再谨慎,或许就能减少其他人接触相同检测项目的实验时间和试剂;我沉下心来,或许就能未雨绸缪,寻找出一条成就本行的新路,减少未来富营养化管理的成本。一个事业单位小小技术人员的奋斗不一定会带来外在的肯定或价值,但它一定能给予我与社会融为一体的使命感和工作的热情。

（2019年1月7日，日精进第1265天）

🌸洞见：渔夫安逸地晒太阳是一种幸福，但他不知道世界上还有很多种幸福。他不知道让自己成长到更自由、更强大是更上一层的幸福！在有限的生命里，还能增进他人的福祉是最高层次的幸福！所以，奋斗本身就是一种幸福！古往今来，必会有人心甘情愿地、乐此不疲地走上自讨苦吃的奋斗之路，磨炼自己的思维、情绪、道德、身体的肌肉，去体会那更多姿多彩、悠长、强烈、深沉的幸福感。

一直在路上前行

江　滨

　　我出生在江西农村的大山里，从小就长着一张黑黑的脸，没有城里孩子那样的优越条件，只能靠长满茧的双手挑着扁担维生。2002年我高中毕业来到了永康，一直向往能够找到自己的蓝天。从懵懂的少年变成大叔，我一直在创业的路上。每当回想创业路上的艰辛，我会不由自主地想起我的经历。

　　经老乡介绍，我来到一家工具公司电机车间做一名转子绕线工人。做了不到2个月，由于手吃不消而放弃了这份工作，当时就给自己定位"不适合做重体力的操作工"。此后，做过餐馆的服务员、酒店的酒水员，浑浑噩噩地过了一年。

　　没有梦想的人如孤魂野鬼一样飘零着。我重新给自己定位，不能再这样下去了。自己曾是一个很内向的男孩，见到陌生人，哪怕熟人我都不怎么喜欢说话。我要突破，我选择了背着鞋箱拿着小凳子，在永康每条大街小巷吆喝"老板，要不要擦皮鞋"。我每天吆喝着，接触着不同的人，学会了对什么样的客人应该说什么话，更学会了在擦鞋的过程中向顾客推销鞋油、袜子。历练了3个多月，有了一点点小积蓄，这时候再一次问自己："难道要擦一辈子的鞋吗？应该要学一门手艺。"我下定决心去学中医推拿。

　　于是，我拿着擦鞋挣来的1万元交了学费，去上海学了2个月的推拿。我带着自己的一份技能回到永康，做了一名推拿师。但我不能一辈子做推拿师。我爱上了管理，并不断地学习。我从推拿师一路上升到经理，这个时候我有点飘飘然，哪里挖我，我就跳槽，可最终得出了结论："跳一次槽最起码穷半年。"总感觉自己是最了不起的，其实离开了平台自己什么都不是。在这茫然的时期我遇到了贵人，她是一家休闲店的老板，我在她这里一干就是10年。在这10年中，我总共休假不到一个月，我放弃了陪父母、孩子的时间。在这10年中，老板对我进行了栽培、教导、送我去学习等，随着个人能力的提高，收入也水涨船高。我老家的房子造好后，又在永康买房买车。

　　　　　　　　　　　　　　　　（2019年1月10日，日精进第1668天）

◎洞见：此外，我加入企盟慧，又加入了永康市精进文化协会，我真正认识了自己。我有了梦想，有了目标，我知道自己要的是什么，有了自己的平台，不管这条道路有多坎坷，我会一直在路上前行。

幸福是奋斗出来的

金为民

44年前,我出生在一个江西的小山村。我家兄弟姐妹4个,我是老大,小时候靠父亲教书的微薄收入养活我们一家。经常吃不饱饭,肚子饿时没办法,我们兄弟姐妹几个经常去捡别人不要的东西吃。小时候我就有一个信念:一定要走出山里,出人头地,改善家里的生活。

初中毕业后,父亲说既然读书读不好,那就必须要有一技之长,我就开始学习木工。当时起早贪黑地跟师父学艺两年,非常辛苦,手脚经常受伤。那时只有5角一天的工资,我觉得我的人生不应该这样,应该走出山里,去外面闯一闯。我毅然决定去温州打工。到了温州以后,一时没找到工作,为了省钱还住了几个晚上的桥洞。后来我找了一份装修的工作,那时候我特别珍惜这份工作,每天比别人早去工地,比别人晚下班,别人都收工了,我还在加班。有一次老板看见我很晚没回来,就去工地找我,一看我还在工作,特别感动,从此以后我就住在老板的家里,成为老板最得力的助手。在温州打了4年工,我没舍得乱花钱,终于存够了钱准备回家造房子。

一年后新房子落成,全家都非常高兴,我也决定再次出门创业。这次我选择去永康创业,到永康后,我重操旧业先做装修,然后做广告,积攒了一点本钱以后就开始第一次办厂做电动工具配件。好景不长,遇上了人生中第一个大的困难,由于资金问题工厂被迫关闭,我也背负了债务离开永康,去临沂重新创业。创业很辛苦,我和妻子省吃俭用,用3年时间还完了所有债务,当还最后一笔债务时,对方都忘了我是谁。对方说:"像你这么诚实守信的人真不多,这笔钱过了这么多年你还主动还,其实我都没打算要过。像你这样的人,以后一定会做好。"听了他的话,我内心深处更坚信诚信赢天下。

本着诚信为本的经营理念,我相信自己还可以创造更大的价值,于是开始第三次创业,回永康创办了金嫂子品牌运营公司。创业路上有很多辛酸,有很多失败,前期也一直亏损,但是我决不放弃自己的梦想。在几年的努力下,公司终于转亏为盈。

（2019年1月10日，日精进第744天）

🔘洞见:回看自己多年来的奋斗历程,不管是帮别人打工还是自己做老板,我都全力以赴地做好每件小事。我始终坚持不懈地努力,我相信一切到最后都会是好的,如果没有,一定是没有到最后。只要做好自己,一切都在来的路上。无论是刚开始做小生意,还是后来慢慢做大,我都秉持诚信经营的理念,从不拖欠货款和工资。这也奠定了成功的基础,让更多人愿意和我们合作共赢。幸福是奋斗出来的,相信自己一定可以实现梦想。

坚持就是力量

应爱绸

水滴石穿不是水的力量,而是重复的力量、坚持的力量。在坚持中思考,在坚持中成长,在坚持中进步。

1996年,我初中毕业选择去工厂做衣服,我想要走出农村,我有生活在城市的梦想。2003年,我嫁了个城里有套房子的男人,生儿育女,每天上班、下班,我感觉自己没有奋斗的目标,没有精神上坚定的追求,不知道怎样去成为更好的自己。

2016年,我决定自己开服装店,我要做好孩子们的榜样。5月2日,我的女装店诞生了。在这创业两年多的过程中,我坚持走在学习路上,每天哪怕前进一小步都做好记录。我坚持一星期、一个月、一年、三年,日复一日地超越自己,踏实地向前进。学习可以改变圈子,学习可以改变命运,我想方设法去设定超过自己能力之上的目标,想方设法去提高自己的能力,努力跟成功人士学习,每日精进,逼着自己进步。我深深知道将来某一天,自己的努力定会开花结果。2018年,我累过、爱过。在2019年,我将会升级"衣米阳光"服装店,用心去播撒下希望,整理好心情,重新出发。

在这份属于自己的事业中,我梦想着帮助1亿女性打造最美丽的形象,并且帮助她们成为由内而外浑身散发魅力的女人。我梦想着有更多的女性在我的店里找到自信,找到自我。

（2019年1月9日,日精进第1265天）

◎洞见:世界上最快乐的事,莫过于为梦想而奋斗。在朴实、枯燥的工作中坚持,找到属于自己人生中的梦想和使命。有梦想就有远方,就有奋斗的方向。

坚持就是胜利

陈春爱

我出生在一个小村庄,小时候最深的记忆就是拔猪草、捞水草,总是努力成为篮子装得最满的那个,所以总会受到奶奶的夸奖。

后来初中毕业赶上分田到户,我一人要管三亩田、三亩地,还要养一头猪,并照顾奶奶,晚上还写写村里的见闻,投广播稿。19岁那年,我光荣加入中国共产党。到了"双抢"季节,父母从外面回来张罗着亲戚帮忙收割,奶奶总会在父母面前说:"你这个女儿真的很了不起!"

后来,抱着和所有农村人一样的择偶观,认为找个勤劳、善良、好相处的丈夫就好,于是我嫁到一个穷苦百姓人家(只因大家都说他勤劳、善良、好相处)。穷则思变,我们卖水果、摆地摊、开服装店,只要能挣钱什么苦都愿意吃,几年后用这些微薄的原始积累办起了铜条厂。当时没有厂房,就靠山沿租两间简陋的房子,再开山搭个钢棚。在哥哥的帮助下,好不容易拉起了三相电。由于无技术、无管理经验,加之厂房简陋、小偷猖獗,白天又当老板,又当小工,晚上在库房里我睡前半夜,丈夫睡后半夜,与小偷斗智斗勇。前两年根本就没赚到钱,只是积累了一些经验,得到了一些客户的认可,脚踏实地地拼搏,为后来打下了坚实的基础。

二十几年不屈不挠的坚持中,也曾多次被小偷得手,有苦说不出,还曾被不良客户卷款跑路。但打击最大的是那次爆炸事故,厂房倒塌了,化铜师傅被炸残了,家属到厂里闹事,客户不停地催货,工厂面临着前所未有的考验。不容许我们有半点的迟疑:一是先照顾好伤残员工,让医生用最好的药,安抚好家属,承诺决不会亏待自己的员工。二是请师傅修厂房、修炉子。三是赶快恢复生产,找不到化铜师傅就自己上,丈夫化铜,我拉料……经过一番顽强的拼搏,在亲朋好友的帮助下,在全厂职工的努力下,终于恢复了生产。工人出院后,我以宁愿自己多付出一点,尽量多补偿他一点的心态,圆满地处理完工伤事故。

　　人生路上难免会遇到坎坷,但只要坚持不懈,顽强拼搏,没有什么坎是过不去的!

(2019年1月8日,日精进第770天)

　　◉洞见:现在,儿女都已经长大成人,我们买了自己的厂房,买了车,买了住房,过上了小康的生活,但我们还是周而复始坚持着简单的事情,重复的事情用心做,期待着新人来超越我们!

普通的我

何巧英

我出生在一个小山村,家里世世代代都是面朝土地背朝天的农民。家里兄弟姐妹3人,我是老大,跟妹妹相差1岁,跟弟弟相差2岁。父母要到地里干活,照看妹妹、弟弟的任务就落在了我的身上。印象深刻的一次是弟弟肚子饿,老哭着要去找母亲,妹妹也要跟着去,也许是人太小,我背起弟弟,手还没抓稳,一个跟跄,我跟弟弟两人都掉进臭水沟里,幸好有大人经过,不然后果真的不敢想象。好不容易上幼儿园了,别人上幼儿园是一个人去,而我却是带着弟弟去的。

初中毕业后,我选择了去家庭工厂打工,那时工资很低,我除了加班的钱留下给自己买点衣服之外,工资全都是上交家里的。家里也因有我这点工资贴补了家用,又加上父母的勤劳,才盖起了楼房,被别人称作"万元户"。

也许是我的姻缘比较早,我跟同班同学结合,没有轰轰烈烈的婚礼,也没结婚戒指,只有2000元钱、几斤糖的彩礼,就这样开始了我们的生活。

结婚后,我们开始创业。没有本钱,就从做小本生意开始,摆过地摊,开过五金店,办过厂,洗过塘泥,最后选择了建筑行业。

从一个建筑行业的门外汉,经过多年的摸爬滚打,变成有一定经验的管理者,也从当初的一无所有,变成不是城里人的城里人。

这几年觉得自己最大的改变就是加入了学习的行列。在2017年,我参加了企盟慧总裁班的学习,从一个上台讲话都要晕倒的人,到站在几百人面前都能侃侃而谈的人,对于我来说真的是质的变化。又因尝到了学习的甜头,在企盟慧导师的感召下,参加了教练技术的学习,在三阶教练技术的课程里我学到了很多。在一个月前,为了让自己变得越来越好,我又加入了永康市精进文化协会,也希望通过每天写日精进,让自己日日反思,日日精进,遇到更好的自己。

(2019年1月8日,日精进第31天)

◉洞见:虽然自己在创业道路上没有轰轰烈烈的故事,但一步一个脚印,一年比一年好。家人平平安安、知足常乐,就是最大的幸福!

致奋斗中的自己——读书生涯篇

徐红叶

记得高中毕业时,我在同学留言册前页写上我的座右铭:"生命不息,奋斗不止。"也许就是这个信念,渴望着读书能有出路,渴望着能上大学。刚好我碰到高考改革,分自费生和公费生,听别人说自费生的费用是很高的,父母就极力反对我参加高考。

一天,一个很要好的同学来我家,极力劝我回校,我痛定思痛,虽说"胳膊拧不过大腿",可我就要尝试胳膊拧过大腿。于是不顾父母的反对,还是回学校继续读书。我和老师的关系不错,老师建议我考理科,因为招生范围广。真是糟糕透顶,从初中开始,数学、物理就是我的弱项。纠结再三,抱着"死马当活马医"的心态,想着今年考不上,明年还有希望的。分数出来,离自费线相差4分,考上师范和中专绰绰有余,可没填志愿,一切为零。

这时候的自己也很平静,就在家里干一些活吧。好像老天也照顾我渴望读书的心,刚好恒丰公司有个人到我家运货,和我姐说起公司要招一批应届生到浙工大读机电一体化,要先交8000元押金。毕业后在公司服务10年,学费全免,还有一个月200元的生活费发放。我听了这也是一条路呀,经过好多天和父母磨嘴皮子,他们终于答应让我去。

在大学里,一切都是那么美好。我们是成人高校生,学校对我们的管理也很松,空余时间也多。我去得最多的就是图书馆,在那种宁静的氛围里看书做作业真是一种享受。一餐吃得最省的是一元钱的麻婆豆腐加三角钱的饭,用省下来的钱去感受杭州的景点。没课的时候或双休日,去其他大学走访高中同学,感受各个大学不同的氛围,约几个同学去西湖边走走逛逛,或者撑一条小船在三潭印月来回一趟,去太子湾公园看郁金香,去宋城体验一回抛绣球……

我很勤奋,每个学期都能拿到公司较多的奖学金,拿到以后,第二个学期开学请大家去撮一顿。大学本科英语四级必考,我也就抱着去试试看的心态,经过自己的努力,顺利通过,拿到英语四级证书。一个班六十几个学生就两人顺利通过。看来做一件事,只要用心,刻意练习,自学也能成才的。在浙工大体验了两年的大学时光,感觉此生对大学的向往也不留遗憾了。

（2019年1月4日,日精进第178天）

◉洞见:勤奋是通往成功的敲门砖。勤奋与努力是左膀右臂,成就了我。有时候也思考自己究竟要的是什么,但只要坚定地朝着既定目标走,命运会眷顾你的!

我的人生我做主

俞丽君

　　我出生在20世纪70年代,有一个幸福的童年。自从我懂事开始,就过着比同龄人幸福的生活。父亲是工程队的建筑工人,有着稳定的收入。母亲是农民,在生产队种田。一家五口,因为只有母亲一个人务农赚工分,所以我们家年年缺粮,天天吃萝卜、番薯饭,好在外公、外婆就在同村,我们姐弟几个天天跑外公、外婆家蹭饭,所以也没苦过。

　　改革开放后,小日子更是过得不错。父亲在工程队收入稳定,母亲很勤劳,家里的农活她全包了。我们姐弟三人上学,做大姐的我放学回来偶尔帮助母亲做点家务活。父母从小教育我们要好好学习、勤奋努力、诚实做人。我们在父母温暖的怀抱里过着幸福的生活。1986年,父亲通过自己的努力,成为村里第一个买五菱汽车的人。后来父亲改行做运输,一切都是顺顺利利的。

　　天有不测风云。有一天父亲突然肚子疼得难受,于是上医院检查,结果检查出来胃下垂,医生告诫要避免长期开车。就这样,父亲停下运输工作,开始在家疗养,而且不能干重活,一家五口就靠母亲一个人种田维持生计。然而厄运一个接一个,连续几年的变故让我们幸福的家庭一下子陷入困境,不仅花光了家里所有的积蓄,还欠下了几万元的债务,生活因此雪上加霜。遭受一连串的打击后,父亲变得垂头丧气,负债的压力让他抬不起头。看着失去斗志的父亲,母亲整天以泪洗面,但还是强忍着泪水去田里干活,因为母亲知道此时家里只能靠她来支撑。当时我们姐妹三人还在上学,看着沮丧的父亲和辛苦的母亲,我的心非常痛。在1988年上半年,我毅然决定放弃我高三最后一学期的学习,放弃了高考的机会。通过父亲一位朋友的引荐,我去做了一名小学代课老师,每月50元的工资补贴家用。在代课那几年,我遇到了我的先生,在1991年我们结婚生下了儿子,婆家的条件比我们家好点,公公、婆婆对我也很好,待我如亲生女儿。

　　记得有一次,父亲在万不得已的情况下问我借一万元钱还债,但我未能筹到钱,看着他失落无助的眼神,我哭了。我为自己的无能哭,为辛苦的母亲哭,为我们原来一个幸福的家沦落到这个地步哭。从那一刻起,我对自己发誓,我一定要走出小山村,我一定要为这个家争气,我一定要靠自己的努力拼出一片天地!

于是在1993年,从未出过远门的我跟随一个朋友外出,做学校用品的销售业务,拼搏了几年生意也只是一般般,赚了一点小钱,仅能维持家用,根本解决不了家里的困境。后来先生的大姐学了美容技术,在永康开了一家美容店,我觉得美容业是一个趋势,所以我也跟大姐学了美容。一个偶然的机会,同村的一位朋友带我们来到广州,从此我开始了在广东的美容创业生涯。通过自己的努力,不到一年就把生意做得红红火火,很快让我赚到了人生的第一桶金。于是我就有能力帮助父母,家境也开始慢慢好转。父亲又找到了一份房产开发管理的工作,通过几年的努力,还清了所有的债务,家里还建了一栋高楼。

如今已70岁高龄的父亲依然那么勤劳,在家和母亲干农活。在父母的辛苦打拼下,我们家又恢复了原来的幸福。2008年,因儿子步入叛逆期,担心儿子走歪道,我和先生毅然放弃广州的生意回到永康从零开始,二次创业。在此期间与一家组合投资公司结缘,在2014年底成立了永康分公司,这个平台是我人生最大的一个转折点。通过带领团队一起坚持与努力,我们创下了不平凡的成绩,如今离我的目标也越来越近,"不忘初心、牢记使命",继续做更好的自己。

（2019年1月8日,日精进第990天）

◉洞见:我的人生我做主!我会继续努力,不负众望!感恩父母的养育之恩,感恩命运的坎坎坷坷让我成长,感恩一切的磨难让我变得更坚强,感恩人生道路上所有帮助过我的家人与朋友,感恩生命中所有的遇见!

"梦特"25年

俞丽绚

记得小时候,每次在部队的叔叔回家时,总会带上相机给我们兄妹几个拍照。尽管是黑白影像,但在那个年代,照相对于许多人而言仍是件奢侈的事,比起同龄人我们非常幸运。加上婶婶又是专业摄影师,受她潜移默化的影响,我喜欢上了摄影。

早在1993年1月14日,初生牛犊不怕虎,凭着强烈的愿望,我以"梦特"为名在老家清溪创办了属于自己的照相馆。那时候,年少纯真的我为取得客户的信任,割舍心爱的背带裙和高跟鞋,变为中性的穿衣风格,还故意烫了卷发塑造成熟形象。才二十出头的我,凭着可靠的技术和真诚的服务慢慢吸引了众多顾客,把小小的照相馆经营得有声有色,终于在当地闯出了自己的名气。至今常有人在我面前说,提起"梦特",清溪范围的"70后""80后"谁会不知道呢?就连往我照相馆跑的城里人都不计其数,"梦特"二字印入了许多人的脑海,这令我无比自豪。在服务客户之余,我还热衷于拍些新闻艺术作品往报社投稿,并参加专业的摄影赛事。每当自己的作品和姓名出现在报纸、杂志上时,我内心的那份激动与喜悦不言而喻!

后来,我当妈妈了,看着孩子逐渐长大,我对孕育生命的主题兴趣渐增。为了事业更好地发展,我不惜舍近求远将"梦特"迁入永康城内。得老天恩宠,我有作品被北京妇女儿童博物馆收藏,有表达女人十月怀胎的艰辛与幸福的图文刊登在《中国摄影》杂志。当那些用心记录创作的作品一次次获奖,一次次被刊登在各大报刊上时,我的成就感油然而生。时光飞逝,至2018年,转眼间"梦特"不知不觉度过了25个春秋。

回忆起胶片年代,我曾经有过从早到晚一天拍六七百人的个人照,眼睛眯到发酸的痛苦,也有过在大雪纷飞的天气里,用冻得通红的手颤抖着按下冰冷快门的无奈。我个子不高,但隐藏在我身体深处的力量却不断驱使着我,在向我呼唤。是的!是对摄影那来自骨子里的热爱,使得我的双肩可扛起沉重的器材,纤细的手臂能端起重重的"长炮",面对百人大合影时能沉着冷静……一切在我脑海重新浮现,犹如就在昨天。我为自己能够25年孜孜不倦深爱一份事业而感动着。

几十年的摄影生涯,我不会过多在乎积累了多少财富,只是觉得天天兢兢业业地给无数人定格美好,时光弥足珍贵。我把艺术融入了血液、植入了骨髓,曾经的生命历程为我攒下了不折不扣的心灵财富。

有人曾问,当年你取"梦特"何意? 我说,"梦"代表梦幻人生,"特"释为特殊时刻。于是有了"梦幻人生截取影像留历史,特殊时刻几寸方纸忆千秋"之说。时过25载,"梦特"一词依然,亦是我生命的Logo,但在我心中却增加了新的理解。"梦"是梦想,"特"是独特,心怀梦想,才有机会赢得独特的人生。在"梦特"25年的节点上,我毅然决定给它画上一个清晰的分号。2018年1月14日那天,在先生与儿子的支持下,我在母校清溪初中设立了"梦特奖学金",力虽绵薄却细水长流,对摄影的情怀用这种方式诠释传承,5年、10年、25年……

安置好我生命中的第一标签之后,我成了"斜杠"中年,于是我踏上新的旅程,开始寻找让我可以又一次怦然心动,如热爱摄影一般能持之以恒,真正能够为他人触摸美丽,无惧年龄的美好事业。心怀其梦,我又迎来了晨曦,再次起航!

（2018年7月14日,日精进第595天）

◎洞见:人生之路千万条,无须贪多求全,而是用智慧的眼光,选择最适合自己走的路,脚踏实地,砥砺前行,一切终将变得美好!

幸福是奋斗出来的

郑乙雯

时间过得真快。2006年开始做胶条(防盗门的密封条),购买第一台设备,当时不知道什么是挤出机,什么叫PVC。听好朋友说现在密封条生意好,我就问她:"我要办个密封条厂,设备到哪里买?帮我去了解了解。"她老公帮我咨询后告知我们,有一个厂要转让,我看后,技术无偿转让,总共4万元。当下就决定买了。说实在的,当时我连4万元都没有,但我决定回去凑钱。由于我刚还完房贷,手里大概只有1.5万元,还要租房子,还要购材料等,咋办?没什么好犹豫的,说干就干。父亲、爱人、阿姨都很支持我,并鼓励我先干起来,再带动家人,叫妹妹有多少钱先支持我,有力出力,有钱出钱。我的一位朋友一口气借了我10万元。

那年的6月13日,工厂开工。没想到设备欺负生人,我不懂,它就越容易出问题,经常烧烟料,又要把螺杆敲出来。我姨夫和父亲拿着大榔头来敲,敲得满头大汗,才把那烟的螺杆弄出来,抛光好上上去,但没做多久又烧烟了。理想跟现实完全是两码事,真的太难了。原材料配比是一门学问,浪费了不少原材料,我试了一锅又一锅,自己累了,就让其他人继续试。我负责跑业务,看到门厂就进去说,我是做密封条的,有需要吗?他们摇摇头,从这家到那家,凭着自己的韧劲,走到五金城八街,挨家挨户去问,刚好碰到我朋友在那里买配件,从她那牵线了门企,而且谈妥了,才正式开始我的密封条销售之路。

有业务总是幸福的,但是有时赶不出来,交不了货,被客户骂,只能全家人加班加点轮流干。从晚上干到天亮,睡了2个小时,就起来送货,当货送到时,没给他们耽误生产,我就松了一口气。有时,我会停在路旁,眯一下。半年时间原来的厂房已不够用了,当年我又上了塑钢线条。得益于较少的竞争对手,我把工厂搬到湖西村500平方米的厂房里,开始大展身手。办厂有些难以预见的情况,原来的变压器不够用,导致全村用电跳闸,村民赶过来要说法。那时真的很难,这不是小事,只能叫上村干部,我出点钱,村里也出点钱,装一个独立的变压器,才把事情平息。企业做大后,路上碰到当时的村干部,聊起当时的往事,他们都记忆犹新。

（2019年1月10日,日精进第1431天）

◉洞见:这一路走来我真的很幸运,不管我遇到多少坎坷,总会有人伸出援手,那种感觉特别温暖,也特别有力量! 这一路走来不管我多难,总会出现一道光指引我走向前方!

路在脚下

朱有福

　　那一年,我15岁。那一天下着毛毛细雨,我放牛回家,老妈高兴地说:"有福,阿忠伯来我们家说,你家儿子读书成绩这么好,一定要让他去读。没有钱,到我家先拿去。"我说:"妈,我不读了。"妈妈说:"你不后悔?"我说:"不会的。"我很清楚,家里自留地种的毛芋和大蒜苗全拿到集市上去卖了,也没有10元,而我上高中每学期需要学费13元。我考虑再三,还是早点去学手艺好。

　　那一年,我21岁。那是一个初冬的夜晚,有人来敲门。我打开门一看,原来是大我3岁的曹先生。他兴奋地说:"有福,长山农场有一个橘园。我们一块去承包下来。"我愣了一会,说:"长山农场在哪里? 我又没有种过柑橘。"曹先生说:"不用担心。徐先生会帮助我们,之前是他家承包的。明天我们先去看看。"第二天一大早,我们骑着自行车来到了龙山镇长山农场。沿着高低不平的梯田,看着大小不一的橘树,我们在承包地里转悠了几圈,考察了半天,也只是雾里看花罢了。为了走出老家那个小山村,我一个人大胆地承包了小山坡。从此,我吃住在果园不到5平方米的小土屋,长年陪伴我的是一只土狗和两只老鼠,没有门,也没有窗,更没有电灯。每当夜深人静时,我就会动情地唱:我家住在黄土高坡,大风从坡上刮过。不管是东南风还是西北风,都是我的歌我的歌……

　　那一年,我35岁。那是一个阳光明媚的清晨。保险业务员吕女士说:"有福,你想买康宁终身险种,最好在生日之前买。生日前可保30万,生日后只有20万。"那一刻,我彻底愣住了。只要过了生日,我的生命就进入夏天了,而我的生活呢? 梦想呢? 那天晚上,我失眠了。凌晨2点起床点上蜡烛,写下了一首词《苦苦寻找》,分别寄给了2个陌生人,一个是市政府最会作诗的领导,另一个是《永康日报》最能写的记者。真是天助自助者,就是这首词,让诗人和我成了朋友,记者扛着摄像机来到小山坡采访了我。不久,《一个猪倌不泯的音乐梦》上了2003年3月24日《永康日报》的"丽州特刊",我的全身照也第一次上了报纸。

诗人对我的肯定,点燃了我的梦想;记者对我的赞美,增强了我的自信。于是,渴望出人头地的我,重新拿起笔,写下了对未来的思考,对生命的感悟。后来,我的诗词也陆续在各种报刊上出现,如《魁山之歌》《小山岗》《延续》《啊,永康》《平安是福》《感恩有你》《最美的风景》……

(2019年1月6日,日精进第1242天)

◎洞见:一路颠簸,我从小山村走上小山坡,走进小商品城,走向大上海,走回小山岗。30多年来的一心向善,让我们家的日子一天比一天过得好,我的爱好也从写诗词转为了朗诵、唱歌。我最爱朗诵的诗词,就是伟大领袖毛主席的《沁园春·雪》;我最喜欢唱的歌,就是著名艺术家阎肃老师作词的《敢问路在何方》。

我的成长史

施旭娟

2000年，我大学毕业踏入社会。计算机专业出身的我，真的不知道希望在哪里，目标在哪里。走出校门的一刹那，我整个人都是蒙的。

在前几年时间里，我去过网吧、打字复印店、电脑店，去过广告公司、网络公司。当时的我就是不安分，不管哪里，都待不久，有时候宁愿不要工资，把他们的东西学得差不多了，我就离开。当然，我也会去一些工资高的地方打工，如厂里、酒吧，还会去卖衣服。我最多的时候同一天打着三份工。白天网络公司，前半夜南苑路的酒吧，后半夜网吧。

2002年下半年，我人生的转折点终于出现了。当时，我本是去永康在线应聘当小学生的电脑老师的。老板说他公司的账有两年多没有人管，让我理一下。他把我调去了办公室。后来又说，武义的分公司没有人管，叫我过去管理。更没想到，我可以很顺利地完成任务。所以等我到永康公司时，老板就叫我做起了业务。也就是在这个岗位，我认识了另外一个老板，他说是阿里巴巴上看到我的消息，接触我后，希望我过去上班，工作任务就是接接电话，发发邮件。当时，我想都没有多想就答应了。

可是好景不长，老板看网上接的单还真的挺多，于是让我搭建阿里巴巴国际网站。我英语不好，他招了3个能熟练运用英语的同事，而我只能靠边站了。就在我准备辞职时，老板再次因为我国内业务的高利润率挽留了我。

直到嫁人，我才真正离开老板夫妻俩。看着他们一路走来都生意火爆，我心中燃起了创业的梦想。幸好有了阿里巴巴，让我们这些年轻的上班族从2005年开始有了超出正常工资的额外收入。到了2009年，我和爱人接下公公办了11年的冲床加工厂。虽然我接过来的只有几台破机器，但对于我来说，已足矣。感谢老天的眷顾，给了我财运。我接到的第一张单子来自台湾，让我收到了10%的预付款，我仔细一算等于90%的尾款都是我的利润。这个完美的开始，让我们信心大增。即使厂房的租金一路攀升，小工的工资一路上涨，原材料价格上涨,废品率居高不下等,也没有阻碍我们继续向前。

(2019年1月9日,日精进第31天)

◉洞见:现在的我一直还在奋斗的路上行走着,当然我也明白,一个人的成功不算成功,带领着一群人成功才是真正的成功。为了更好的明天,年轻的我们一起奋斗不息吧!

创业关键词

孔令哲

第一个关键词:借力。

1997年,我从学校毕业,托家里的福,没有生计压力,在父亲的帮助下在五金城开了一家店。卖的产品主要是父亲五金工具厂的焊接工具,还有就是和金华一些劳保用品厂置换的电焊面罩。当年的生意真的好做,每天就是等着客户上门来开开单子,一个月赚个几万块还是很平常的。我们给几个不同劳保厂供应电焊钳,换回不同厂的电焊面罩。不过我发现不管是哪个厂,都打"双防"电焊面罩,出于好奇,顺手将这两个字注册成商标,一年后拿到了商标注册申请。之后就要求其他厂家不能使用这个商标,然后自己找人代工,开始了自己第一次创业。我是在若干年后才知道,"双防"1983年就开始了,在电焊面罩里就是个品牌。借了这个力,靠着这个大约过了10年。

第二个关键词:董聊聊。

2008年我和一个同学在金华买了一块地,开始做防盗门生意。我主要负责外部环境,比如政府部门、银行部门的对接和协调。不会喝酒应酬,不善言辞,这个工作对我来说是个极大的挑战。入乡随俗混了两年日子,终究还是没有大的改变,有些事情依然需要求人,没有什么真心的好朋友。不过我还是会观察,会总结,会思考。接触的过程中发现,许多层级高一点的人都有一些爱好,比如收藏字画、印章、钱币、古董,又比如爱好一些运动,高尔夫、太极拳,也有一些喜欢看书、聊天等等。

这些东西都是我以前不曾接触的,但是我坚定地认为对我至关重要。从2010年开始,我不断拜师学习,不断与比自己厉害的人聊天,慢慢地,一个想法在脑海里浮现了。我需要一个会所,既可以解决工作的问题,也能使自己懂得更多。

2011年,历经一年多的改造,我做了一个会所,名字叫"董聊聊"。不懂可以聊,懂也可以聊。不管什么身份,大家都可以畅所欲言。聊聊古董,聊聊唐

宋,聊聊生意,也可以聊聊时事。在董聊聊里,我听到了复利计算、互联网、
O2O、股权投资、众筹、商业模式等新名词。我们也聊了民国的文化、钱币收藏
大师马定祥,聊了黄宾虹、《富春山居图》。

（2019年1月20日,日精进第784天）

◉洞见:懂,或者不懂,已不重要。泡在董聊聊的3年里,是我成长最快的
日子,当然也在这里收获了许多亦师亦友的朋友。我开始练习太极拳,收藏钱
币、字画、印章。2013—2017年,我还做了一个以前想都没有想的互联网项目,
我把聊的范围扩大到全国各地,这一切都源于董聊聊。

我奋斗 我幸福

梅红嫣

    40多年前我出生在城西的一个小村庄。从我记事起，父亲就在外创业。家里4个人的稻田、山地就由母亲打理，长大一些后，母亲就带上我和妹妹一起干农活。每年暑假里最热的天，是农活最忙的双抢季，顶着烈日，连续半个月都干着农活。后来知道有居民户口就不用干农活，我在农田里晒着太阳，流着汗时就想：如果能跳出农门，那该多好！

    工作以后，我从最基础的岗位做起，脚踏实地，一步一步积累工作经验。每次换岗位，我都能认真对待，每当遇到难题和困惑时，我就会想：别人能做的我也能做。就是这种不服输的精神，一步步带我走向更高的岗位。

    我的女儿1999年出生，她带给我们很多的欢乐和幸福。随着她一天天长大，我的陪伴越来越多。识字初期，我骑着摩托车，女儿在背后抱着我，看到路旁的广告或标语，一路念着她认识的字，路上留下了她伶俐而稚嫩的声音。后来我陪她学钢琴、羽毛球、硬笔、软笔等，永城路上留下我们很多的足迹，家里的灯光记录着我陪女儿学习的身影，周末和晚上的办公室留下了女儿陪我加班的小身影。女儿小学6年，我都以女儿学习为重，她学习时，为了不影响她，我几乎不看电视，也很少有自己的业余生活。在我的陪伴和影响下，她学习成绩优秀，性格活泼开朗，小学毕业时考出钢琴十级。在女儿的要求下，初中到寄宿学校就读，学校管理严、学业重，但女儿从未叫过一声苦，她努力学习各门知识，顺利考入永康一中。又经过3年高中阶段的学习，今年考入浙江科技学院，开始接受高等教育。

    一直以来，我很少给自己过生日。今年生日前夕，忽然接到电话，有人给我送花来，下楼一看，是一大束百合，粉粉的，外加两枝红掌，非常漂亮。生日卡片上写着：在我心里，万物不及你，你是我今生的宝，你是我今世的贝。祝生日快乐，幸福永随。原来是爱人委托花店送我的生日礼物。当我还沉浸在喜悦中，在外地求学的女儿为我订制的生日蛋糕送到了，让我感到满满的爱意。每一个进我办公室的人,闻到花香,看到鲜花,都会称赞我的爱人,并祝我生日快乐!与同伴们分享蛋糕时,同伴都称赞我女儿的贴心。我发表在微信上的感言收到了很多的点赞和祝福,这是我过得最幸福快乐的生日。忽然间,觉得一直呵护的女儿长大了、懂事了,我生命中最重要的家人对我的关心和爱护,让我觉得所有的付出都是值得的。

(2019年1月9日,日精进第9天)

◉洞见:回望40多年的人生经历,有我勤奋的少年、奋斗的青年和付出的青春,凭着自己的勤奋与努力,我现在有一份稳定的工作,有一个和睦的家庭,过上了有房有车的幸福生活。

拥有健康知识很重要

舒彩霞

2018年以前我是个没有梦想的人。高中毕业以后,打工10年,我只想让生活过得好点。2013年我生下了小儿子,坐月子期间接单下单,一天几十个电话,孩子无论白天还是晚上都是自己带。孩子一满月我就开始干重体力活,以至于孩子刚满两个月的时候,我两手手腕处开始疼,提不了东西。一咳嗽胸部疼,并且穿透到背部疼,上半身不能转身,晚上睡觉背部酸、胀、痛,睡不着,承受了从来没有过的痛苦。之后,我开始吃中药调理,基本不干活。因为孩子的户口问题,满3个月我又去做了结扎手术,那段时间真的是人不像人,鬼不像鬼。

当身体好些的时候,我又开始干活。2015年从外地回到永康,因为生活压力大,家庭又不和谐,那段时间我晚上很清醒,睡眠很少,但白天精神又非常好。可后来整个后脑勺经常性地疼痛,颈椎、肩膀酸胀难受,总觉得很沉抬不起来,而且伴随着内分泌失调、乳腺增生、水牛背、白头发等问题。去医院拍片、做B超、验生化,所有指标是正常的,医生说身体没有问题。我无奈地四处寻医问药,只要是可以治疗颈椎的我就去,牵引、中药敷包、正骨、打封闭针、贴膏药、吃中药、美容院按摩推拿,但都没有好的效果。

我不禁疑惑,难道现在的医院不能解决这些问题吗?那么病人该何去何从?2018年,我在朋友的推荐下用上了保健品,症状得到改善,并且走进了健康行业。学习了健康知识之后,才明白我的亚健康全是因为自己的无知,月子没有好好养,熬夜伤肝伤肾,气血不足生白发,颈椎压迫脑神经,情志不合理导致内分泌紊乱。原来是自己把自己从健康逼成了不健康,自己是罪魁祸首,而且还不自知。

3年前我哥得了痛风,但是不严重,偶尔发作的时候去打一下针,吃点降尿酸的药就完事。今年7月,他的病情反复发作,打了几天的针也没缓解,疼痛难忍,一个大脚拇指已经肿得很大,我不知道那是什么感觉。他说像针扎一样疼,翘着一只脚走路,脸部狰狞,看着实在可怜。晚上10点多,痛得难受,我陪他去医院就诊。医生和旁边的候诊病人都说,这种病治不好,只能控制。当晚用上了抗生素止疼,我拿出药的说明书给哥看,上面写着伤肝、伤肾的副作用,药物用得越多对脏器伤害越大,最终只能控制不能治愈,等控制不了就成急性病。我跟他讲了痛风的原理,一个是血液黏稠,尿酸很难排出,一个是肾过滤尿酸的功能下降。我给的调理方法是,清理血液垃圾、打通血管,同时修复肾脏功能,达到不需要药物身体自行过滤尿酸的目标。现在生活条件越来越好,太多的人在慢性病中挣扎、痛苦,疾病也越来越年轻化、普遍化,谁有养生观念,谁就能健康快乐地活着,谁免疫功能好、气血好、血管通畅、生活习惯好,谁就不得病。

2011年,端午节的前一天,母亲因为心梗,晚上睡去第二天早上就再也没有醒来。全家人万分悲痛,但就是没有人去研究她为什么会突然心梗走掉。今年我学习了健康观念,才知道原来她在猝死前一段时间是有症状的,胸闷气短、血压高、肥胖、心情郁闷……如果那时候我已经懂得了健康知识,带她去体检或是给她调理身体,她绝不会突然离去。

(2019年1月10日,日精进第259天)

◎洞见:有太多的人和我以前一样无知,随心所欲地使用身体,过度透支;有太多的人和我哥一样受着慢性病的折磨而不知所措;也有太多的人和我妈一样,过度操劳担忧,身体已经不舒服了还不当一回事,直至突然倒下。所以,我立志后半生不断学习健康知识,不断向身边的人普及健康常识,健康在生活中而不是在医院里!

奋 斗

卢卓来

我们都在奋斗的路上不断前进。

2014年应该是我奋斗的开始,当时的项目是一款可以指导用户进行科学锻炼的智能手环。前期项目进展不错,在产品推出之后收到了很多的反馈,也得到了很多VC(风险投资)的青睐,我和团队也在2014年底拿到了当时马云合伙人500万元的天使投资。

项目的顺利使我对于资本市场产生了盲目的乐观,也对自己的能力错误地高估了。2015年伊始,我在原有的手环项目上做了切割,另起了一个新的智能硬件的项目。想不到的是,原先顺风顺水的创业经历,也自此发生了180度的转变:因为对于供应链管理的不到位,产品给予种子用户的使用体验并不好,并且隐患重重;因为对资本市场的盲目乐观,在能拿融资的时候没有接受,而当需要资金的时候,正好遇上了资本"寒冬";最重要的是上一项目的过于顺遂,使我在企业管理和经营上都过于粗枝大叶,没有有效的规划和监督……大概创业路上所能经历的坑,我基本一个不落地栽了进去。所以,在坚持了几年之后,创业项目以失败告终。

现在回想过往,之前的创业种种,虽然最后的结果是以失败落幕,但最宝贵的是这过程中的点滴积累。毕竟,在奋斗中,失败是常态,只有受得起挫折,扛得住打击,并且不断反思自我,才有机会获得成功。

(2019年10月10日,日精进第303天)

◎洞见:我们都在奋斗的路上不断前进,目标是看见彩虹!

第五辑

儿童队

我们都是追梦人

精进之歌

颜睿森

1264天的坚持，难以置信，我竟然坚持了这么多天。

子曰：温故而知新。我每天都会有觉悟，慢慢养成习惯，让我能够坚持下来。我并非没想过放弃，有时候也会忘记写，但是我第二天会赶紧补回来。我第一次去五台山上少年中国班，在那里上课，手机是要被没收的，我完全有理由不写。但是，我坚持每天都借助老师的手机写日精进，发给妈妈，让妈妈替我转发。第二次我就有经验了，在家里把10天的日精进都提前写好，妈妈用我的平板发。当我坚持下来时，就会发现身边有很多人为我点赞。

我和妈妈一起来到精进的世界里，妈妈已经写日精进快要7年了。滴水能把石穿透，万事功到自然成。当我想要放弃的时候，我就会用这句话鼓励自己，如果一件事都坚持不下去，以后还怎么做大事？很多人问我为什么要写这个日精进，其实道理也很简单，就是因为日精进可以让我们收获伙伴，持续做一件事会更有力量。

（2019年1月23日，日精进第1264天）

◎洞见：精进之歌是一条路，日日精进，永不停歇，一条走过去永远不会回头的路。它也是一条奋斗之路，会一直鼓励我，会产生源源不断的动力。让我们一路高唱精进之歌，感动自己，影响更多的人。

努力学习

陈雅璐

三分天注定,七分靠打拼。

学习也是一样的,没有什么天才,即使是天才,也是靠百分之九十九的汗水和百分之一的天赋造就的。

进入初中后,我的成绩一直都不是很理想,我也彷徨过,但我还是坚持下来了。可能是因为不甘心吧。不甘心落后,不甘心我的努力得不到好结果。

写日精进,让我学会坚持不懈,不轻言放弃。所以,我更加发奋图强,只希望有一天我也可以站在金字塔的顶端。

我开始主动向妈妈提出,一定要去上补习班。虽然这样可能会使我的负担加重,但是为了提高成绩,只能更加努力。

为此,我还为自己列出了一份提高英语成绩的计划,每天坚持完成。虽说短时间内成绩没有明显的大幅度提高,但至少也是有效的。

之前,我要买什么东西,妈妈都直接买给我。现在不一样了,我将我要买的东西化为动力。制定了一些小目标,只有完成7个小目标,才可以买。我想买手表,我就和妈妈约定双周测试达到第几名,并为之付出努力。

功夫不负有心人,在我的努力下,我赢得了这块手表。我学习进步了,想要的礼物也拿到了,心里感到开心。

(2018年1月15日,日精进第801天)

◎洞见:有志者事竟成,只要你肯为之努力,终有一天会实现自己的理想。

小孩子的奋斗

应滋润

曾经有一位作家这样说过："重要的不是成功，而是奋斗。"是呀，在人生当中，奋斗远比成功收获的东西更多。那是一个炎热的夏天，我迎来了人生中的第一次军训，让我意外的是军训的第一项内容就是接力跑。"接力跑"这三个字慢慢地沉入了的心底，接着我突然之间反应了过来，心里暗暗地想：天哪，竟然是接力跑，像我这种多病体质的人根本就不擅长跑步。

我的好友看到我这样烦恼，碰了碰我的手亲切地对我说："凡事都要有第一次嘛！最重要的是奋斗的过程啊，有可能你会成功的，试一下吧。"我点了点头，漫不经心地"嗯"了一声。如我所料，刚开始比赛的时候，我就被同学们甩出好远了，我心里一直在烦恼，为什么我的体育这么差，为什么我不能像他们一样。突然，我想起了我的好友所说的话，也想起了那位作家说的话。我不禁感慨道："现在正值风华正茂、书生意气之时，却说出如此丧气的话来，当我真的老去了，那我不就虚度韶华了吗？有了追逐的目标，就一定要去奋斗。"

那时风轻轻地从我身边拂过，太阳也意外灿烂了起来，我的人生有了一片光明出现。我开始了奋起追赶的脚步，一步，两步……我奔跑着，努力向他们靠近。大家都在旁边为我喝彩，我听到大家的鼓励声越来越大，果然不出我所料，只要奋斗就一定会成功，最后我终于赶上了。

（2019年1月18日，日精进第171天）

◎洞见：奋斗是一只百灵鸟，它唱着婉转的歌声，为你加油。奋斗是一步步台阶，它承载着你慢慢走向成功。奋斗是一缕阳光，它照耀着你前进的方向。奋斗真的远比成功重要。一个人只要坚持奋斗，那么他的人生就会充满光彩。

说说我自己

陈歆雨

我是一个平平凡凡的小女孩,既没有西施那样婀娜多姿,也没有爱因斯坦那么聪明。就外貌来说,我有一双小而明亮的眼睛,一个塌得几乎贴到脸上的鼻子,可以夸张地说是"横扫平原"了。

我一直觉得自己长得既不好看,也不聪明,我甚至对自己完全丧失了自信。所以,我在课堂上从不举手,在老师点名的时候,我总会尽自己所能地躲起来,这样老师就看不见我了。可是,这是一个多么愚蠢的想法呀!每次老师看见我这样,偏偏就要点名让我回答。我一站起来脸就红了,什么也说不出来,就怕自己说错。顷刻之间,全班同学变得鸦雀无声。我更紧张了。我怕他们会嘲笑我,我怕自己会变得没有尊严。这就是我的缺点。

讲完了缺点,来讲讲我的优点吧。

我觉得自己的优点也挺多的,虽然有时候我会有点不太自信,但是我"能文善武"呀。画画是我的文,舞蹈是我的武,这样也能算文武双全了,同时这两个也是我的兴趣爱好。无论在多大的舞台上,我从不怯场,而且总是面带微笑。让我记忆深刻的是,幼儿园小班的时候,我第一次上台表演《感恩的心》。当时我们一上台,其他小朋友因为紧张全都坐在地上哇哇大哭了,只有我大方、自然、淡定地在舞台上,全程面带微笑地把舞跳完。从那以后,我的微笑被叫作"职业微笑",我还多了一个美名叫"淡定姐"呢。

（2018年7月2日,日精进第381天）

⊙洞见:这就是我,我虽然不是十全十美的,但是我也要对自己充满自信。我是一个多面的小女孩。大家喜欢和我交朋友吗?我等着你们和我交朋友哦!我会努力让自己的优点越来越多的!

这3年学习成长中的我

曹甜依

记得我上一年级的时候,学习成绩不是很好,上课发言不积极,说话声音也很小。在学校里,一碰到计算题,我的头就会晕,特别是做心算口算的时候,紧张、心急,做错题就会呜呜呜地哭起来。

后来,妈妈就给我报了语文和数学的兴趣班,刚好我和姐姐在一个班。刚开始的时候,姐姐数学和语文成绩都比我好很多,我特别不自信。那段时间妈妈经常鼓励我说:"姐姐学习成绩好,是因为姐姐练得比你多,我们不要急,慢慢来。妈妈陪着你,多练练。相信你每天都会有进步的!"说完,妈妈轻轻地搂着我。然后,我和妈妈制订了一个学习计划。每天练习口算100道,每天晚上睡前和妈妈一起阅读半小时。经过一个学期和一个假期的努力,我终于赶上姐姐了。

有一次,兴趣班考试我数学考了98分,姐姐考了96分。我一回家就兴奋地对妈妈说:"妈妈,太好了!我终于赶上姐姐了,太开心了,原来我真的能做到。"妈妈回答说:"太好了!宝贝,你看多多练习,认真坚持就会有进步。"从那次以后,我就对学习充满了信心,因为我相信只要付出努力,我就会有进步。

虽然我对学习充满了信心,但是我上课回答问题的声音仍然很小。妈妈和语文老师沟通后,陪我一起录荔枝台音频。刚开始录荔枝台音频的时候,因为很多字不认识,录得磕磕巴巴的,声音也很小。后来,经过300多天的录制,我还去参加了朗读比赛。现在上台我也不那么紧张了,一次又一次上台的经历,让我变得更勇敢,更会表达自己了。录荔枝台音频的同时,我加入了日精进群,在写日精进的过程中,我慢慢对写日记有了感觉,现在写日记也顺利多了。在这200多天的日精进里,我感受到了坚持的力量。

（2019年1月6日,日精进第266天）

◉ 洞见:回顾自己这3年,我在遇到困难的时候让自己静下心来,多练,努力,坚持,我就会每天有进步,也会让自己越来越自信。

奋 斗

魏 垚

少年强则国强。对于我们小学生来说,每一天都有成长,每一天都有奋斗,就足够了。我知道每个人的奋斗肯定是不同的,每一个人在奋斗的道路上都不会顺利。

我以前是一个特别内向的人,到了陌生的场合,我就不敢面对别人,经过努力,我现在可以自信地在陌生的场合朗诵、跳舞、唱歌,我觉得这是我努力后的最大的收获。现在大家都说我很自信,这是我进步最明显的地方。

我的作业质量也在进步。一年级时,做作业老是要被妈妈催。我总是想看电视,看完动画片才想到作业没做。二年级时,我会自觉完成作业,但是做得很慢很慢。到了三年级我的作业做得很快,也可以保质保量,这也是我进步很大的地方。

(2019年1月10日,日精进第672天)

◉ 洞见:奋斗了就有进步,但这个进步得用我很大的努力换来。奋斗很难,但我们可以用努力去实现它。

中秋节

黄瑞淇

中秋节是一个传统的节日。每到八月十五，我就想到了两件事，第一件事是祭月，第二件事可以让我口水"飞流直下三千尺"，那就是吃月饼。我喜欢吃红豆沙馅的，甜甜的，我可爱吃了。

我隐隐约约地看见了月亮，瞧啊，多么像一个害羞的小姑娘，用薄薄的轻纱遮住了自己的小脸，正抿着嘴望着我们笑呢！大约过了15分钟，月亮终于鼓起勇气，揭开了那一层神秘的轻纱。我连忙抓了一块月饼，一边津津有味地吃，一边仰着头赏月。

月亮实在是太美了！虽然她的身体滚圆滚圆的，但仍迈着轻盈的步伐，在漆黑的夜晚展示自己优美的身姿，显得格外引人注目。她洒下一地银色的月光，没有太阳那么耀眼，也不炎热，遥望过去，就像一堆堆银子，散发出美丽的光芒。于是，我就想起了苏轼的《水调歌头》里的一句"但愿人长久，千里共婵娟"，我感受到了远在他乡的游子深深的思念之情。我又想起了《嫦娥》这首诗里的"嫦娥应悔偷灵药，碧海青天夜夜心"，我猜此时嫦娥在广寒宫里，会想起后羿。

中秋节是一个神奇的节日，中秋节里有讲不完的故事，这是古代劳动人民智慧的结晶。

（2019年9月23日，日精进第981天）

◉洞见：中秋节是我国的一个传统节日，在中秋节里不仅要吃月饼，还要祭月。

友谊的小船

耿淑雅

今天,是我最悲伤的一天。平日里活蹦乱跳的我,今天变成了一个小瘸子。

在上课的时候,老师忽然说要拿作业本,每个同学都急匆匆地从书包里拿出自己的作业,我也不例外。可是就在我要拿作业时,不知道被谁推了一下,脚刚好卡在缝里,"咚"的一声,我摔倒在地,整只脚好像失去知觉了,因为我的脚在缝里绕了半圈。

我不想耽搁任何时间,于是拿着自己的作业本,便一瘸一拐地回到了座位上。在写作业时,我的脚一阵阵地发出"警报"。我当时很疼,疼得想大吼一声,可因为是在上课,我忍住了,没叫出来。我只好忍痛继续写作业。

下课了,本来想去准备下一节课的课本,刚从座位上走出来,我就摔在了地上,我的脚再一次响起了"警报"。我再也忍不住了,反正是下课,我就叫一声吧。"啊——"虽然我叫得不是很大声,但是周围的同学都围了过来,他们看到摔在地上的我,都在笑,个别人还用讽刺的眼神看着我。我再也忍不住,哭了。

没有想到,就在我悲伤的时候,雨涵走了过来,她把我扶起来,并把刚刚笑话我的同学骂了一顿。这就是在我最需要的时候帮助我的人,回过头来想,以前我也曾帮助过她,我们常在一起学习,一起快乐地玩……我们就这样建立了友谊。

(2019年1月10日,日精进第1170天)

◎洞见:对我来说,也许奋斗的路途还很远。但是希望在路途中,总会有一个人在身边帮助我。

西津桥

黄瑞希

一夜秋风，一夜秋雨。

当我背着书包去上学的时候，天开始放晴了。

我和姐姐一起上了车，我们在车上挤来挤去，你挤我一下，我挤你一下，互不相让。

当我们路过西津桥的时候，正好是红灯，车子停了下来，我这才回过神来，开始仔仔细细地观赏这热闹的西津桥。西津桥上热闹非凡，我的眼球转来转去，觉得两只眼睛已经不够用了，恨不得立刻像仓颉一样有四只眼睛。

西津桥上的人大多数都是年迈的老人。有几位老人正在吃力地拉二胡，有几位老人正在轻轻地拉小提琴，有几位老人正在用力打鼓，有几位老人正在专心地听京剧、唱京剧、演京剧，还有的老人正在高声唱歌，像开音乐会似的。

我正看得起劲儿，忽然，"呼——"的一声，西津桥开始往后退了。咦？西津桥怎么会动？我往前一看，原来是绿灯亮了，车子又开动起来了，正往学校开去。

第一次觉得，永康江上的西津桥真美啊！

（2019年9月22日，日精进第980天）

🌸洞见：西津桥是我们永康独特的景物，我们应该好好保护它，让它变得更加美丽，它是独一无二的。

围棋让我成长

王柯尹

儿童节的喜悦还未褪去,我就投进了紧张的金华市春季段位晋升赛。六月的天就像孩子的脸说变就变。这两天的比赛也正如六月的天一样,有阴有晴,有喜有忧,有笑有泪。

上午9点,比赛选手进入赛场开始比赛。我沉着应战,眼睛紧紧地盯着棋盘,"倒扑""杀大龙""大小飞"十八般武艺全上场,一鼓作气拿下了前三盘。我沉浸在三连胜的喜悦之中。

第四盘即将开战,老爸走过来轻轻地说:"你三连胜以后对手会越来越强,你应该下好每一步棋……"没等老爸说完,我不屑地回答:"知道了,知道了。"可我心里暗想:携三连胜之余威,拿下第四盘应该是小菜一碟。

现在,我已坐到了第一台,我的对手来了,他是个眉清目秀的小男孩,年龄跟我相仿,我执白,他执黑。他用中国流开局,我用小林流对付。渐渐地,我们向中腹推进,他一会儿紧锁眉头,一会儿托着下巴思考着。我暗暗嘲笑用不着这么慢吧?可他下得越慢,我就越急,结果本来占优势的我冷不丁被他杀了一条大龙。当我醒悟已经晚了,我悲伤地走出赛场。或许受了这盘棋的影响,我接下来又连着输了两局。妈妈不断地鼓励我:"没关系,我们在接下来的比赛中再放慢一点,再细心一点。你还是可以升二段的。"听到这儿,本来难过的我又燃起了一丝的希望。

第七盘我赢了,比赛进入了最关键的第八盘。对手是我朝夕相处的队友。开局还算顺利,我吸取教训,集中注意力,光看他下的右下角,全然忘记了上方那块棋还没连回家。结果对手来了个倒扑,杀了我个措手不及,我牺牲一条大龙。很明显,我的空已经不足,结果我又输了。顿时,我的脑袋一片空白,心想这次升段无望了。我的眼睛一酸,不争气的眼泪唰唰唰地流了出来。走出赛场,难为情的我直奔厕所,眼泪像断了线的珠子,止不住地往下流,我一边擦一边呜咽着。

　　这时爸爸走过来说:"只要你好好下,利用小分高的优势,你还是有希望升二段的。""哦!"听到这里,我连忙擦干眼泪,"真的吗?"爸爸用力点点头,我顿时转忧为喜。第九盘,我又赢了。我利用小分的优势成功晋级了二段。

(2019年1月9日,日精进第693天)

　　◉ 洞见:这次升段,我懂得了围棋路上只有不懈努力,胜不骄,败不馁,你才会走得更远。生活中不也如此吗?

为数学而奋斗

王智凯

很小的时候，我觉得自己在数学上就很有天赋。玩魔方，自己跟着视频慢慢地摸上几遍，就能记住其中的口诀，哗啦哗啦很快就能复原；九连环，一环套一环，环环相扣，环环拆解，我爱不释手，越拆越兴奋，最终能在一两分钟之内轻松自如地拆解和安装；数独，十分有挑战性，特别是九宫格的，越算思路就越清晰。由此，我对数学也是越来越感兴趣。

后来，我转学来到了永康，却不知道怎么回事，数学成绩总是排在中等。有时很粗心，口算运算速度也不是很快，无论怎么算，总会错那么一两道题，这令我很懊恼，有时甚至很沮丧。

现在我适应了新学校的老师和教学方式，上课更认真了，也找到了更好的学习方法。这个学期，我的数学成绩在班里算是数一数二的了，我的目标是"三连一百"。每次考试的时候我总会认真检查，可分数好像被魔鬼控制住似的，每当快到"三连一百"时，我的分数就掉下来了。我于是在心里说："我要奋斗！我要奋斗！加油！王智凯，你下次能'三连一百'！"我想，一定是我哪里出了问题，我每次考试都仔细观察，问题的症结终于找到了，原来，是我答题的速度不够快。于是，我现在开始有意识地训练自己的答题速度，同时经常徜徉在和数学有关的知识海洋中，我就像小海绵一样，不断地吸收着数学养分。

虽然我直到现在也还没"三连一百"，有时候，也依然没能完全检查完，但我没泄气。数学的阶梯，即使再难，我也要一步一步慢慢地往上走。我坚信，只要坚持，我就一定能够收获成果。

（2019年1月8日，日精进第719天）

⚫洞见：想要进步，就必须奋斗，在奋斗的同时，一定要坚持不懈。数学的世界真是太神奇了，我要像书里的小王子一样，一个星球一个星球地遨游过去，去探索，去发现。

我们要有梦想

徐肇阳

我今天和朋友玩,朋友突然说:"我没有人生目标。"我听了以后十分震惊,并笑话他没有上进心。

作为一个人,我们要有梦想,这样我们才会有前进的动力或者勇气。如果我们没有梦想,那和咸鱼没有什么差别。我们想要在社会上生存下去,获得更好的生活,就需要努力上进。如果没有梦想,不追求进步,那么就和每天吃了睡、睡了吃的动物没什么区别了。

我觉得,其实只要有那么一点点上进心,或者是有那么一点点压力,人就会不断进步。比如我在期中考试的名次是全班第十四,但是老师要求我下一次月考必须要拿全班第五,否则就要重罚。所以,我没有可以逃脱的理由,硬着头皮接受了。通过不懈努力,我这次月考真的就考了全班第五。果然,压力就是动力,有压力才有动力。

其实还有一个问题,就是人即使不进步也可以生存下去的情况下,为什么还要继续努力呢?因为人是一种有情感的动物,人有自己的梦想,可以凭借梦想获得更好的生活,为全人类做出贡献。就像爱因斯坦、爱迪生那样,梦想就是一盏灯,指引他们攀登最高峰。

梦想到底是什么?梦想就是我们心中对人生最大的追求。就像我那个朋友,他没有人生目标,这是非常可怕的,因为只有少年有梦想,整个国家才会进步。我们是祖国的花朵,少年强,则国强。

最后一个问题:梦想的意义何在?前面已经讲过,人类只有有了梦想才会有希望。曾经有一个科学家做过一个实验:把人体之内的所有成分都查清楚,比如说钙啊,铁啊,维生素之类,然后去市场上买这些东西,发现只需要16美元。有人嘲讽:"难道人只值16美元?"科学家笑了,他说:"如果我们能把这些东西变成一个人,那你说的就是对的。"另一个科学家验证了这件事。这位科学家测算了,如果把没有生命的营养物质变成有生命的人,大约需要多少钱。这

个数字是 1.6×10^{26}（16之后25个0）。

（2018年1月12日，日精进第671天）

◉洞见：珍惜生命，我们可以知道自己有多么值钱。所以，趁我们的生命力还没有枯竭，趁那25个0还没有挥霍完，为了梦想而奋斗吧。只有追逐自己的梦想，才能成功，我们的人生才是有价值的人生，我们才不枉此生。

后记

咬定青山不放松

我认识这一群人已经很久了。

这是一群认真的思想者。

经过这么多年的长途跋涉,他们走的精进之路越来越踏实,他们的思考越来越有深度。然而,写日精进一天很容易,写日精进一年似乎也不难,连续写日精进五年甚至更长,这真的让人觉得有点不可思议。他们天天写作,写人间烟火,也写风花雪月,他们写企业发展当中的困境与破冰之法,也写对人世间的善的推崇与恶的批判。当然,他们开始反省自己,很多人通过写"洞见"来与自己对话,通过对自己点点滴滴的行为和言语来反观自己。他们每天都能够在一定程度上超脱日常柴米油盐的束缚,甚至远离世俗、功名利禄的诱惑,做到了将宏大的思考和永不枯竭的奋斗的力量投入认识自己的伟大实践中。有的人开始思考自己是怎么奋斗的,开始思考自己的一生从哪里来,到哪里去,开始思考自己奋斗背后的失败与成功,思考那一段永远不能忘怀的事件的历史意义。他们的思考不拘一格,每篇文章都是那么真诚,真诚得就像一个个天真的儿童喃喃自语。他们把自己的真性情、真风骨、真思想融入点点滴滴的略显粗糙的思考之中,但越这样认真,越让人感到他们聚集了不一般的思考品质,他们普通的背后,却有一个个完全不普通的思想者的灵魂。他们真诚表达出来的喜怒哀乐,对世态正能量的呼唤,是时代思想的清流,也是时代思想的强音。

牛顿曾经说过:我不知道世上的人对我是怎么评价,我却这样认为,我好像是在海上玩耍,时而发现一个光滑的石子儿,时而发现一个美丽的贝壳而为之高兴的孩子。尽管如此,那真理的海洋还是展现在我们的面前。我想每一个精进人就像牛顿,他们为了真理,在日常生活中特立独行地思考着,为了自己美丽的贝壳勇往直前,他们玩耍着,日日夜夜认真地精进着。

这是一群有梦的勇士。

他们都在跟这个社会所承载的非常焦虑的现实进行自我斗争,故事背后都强烈地表现出一个个斗争的自我,一个个为了理想不懈努力的勇士。他们身上表现出来的这份前所未有的勇气是朴实的,又是灿烂的。今天,我们常常发现很多中年人或者青年人难以接受并整合自己斗争的力量,虽一天天忙忙碌碌,但总是患得患失,停滞不前,无法激发出自己的潜能,从而进行创造性的奋斗。他们还经常抱怨这抱怨那,全是负能量,他们不能拥有真正的人间之爱,虽努力却永远不能和这个世界建立起正确的联系。他们常常在逃避自我,不愿意承担作为一个人的责任,甚至在面临生存压力时失去了意志,他们根本没有办法合理利用自己的焦虑。

而精进协会中的每一个人,他们却呈现了难得的勇气,这种勇气表现在他们每一天的思考和每一天的写作中,并感受到了自己存在的意义和价值。更重要的是,他们发现了一个强大的自我,感受到奋斗是光荣的,是幸福的;他们在奋斗中消除了焦虑,创造了财富,创造了幸福的家庭;他们在奋斗中更加坚信爱的存在,并坚定地认为充满勇气的奋斗,让我们这一生永远充满爱和智慧。

这一篇篇奋斗的历史真实地呈现在我面前的时候,我看到了一个个活生生的思想者,看到了一个个成为社会中流砥柱的人,看到了一个个傲然屹立天地间的打不垮、吓不死的追梦勇士。咬定青山不放松,这样的一种创业史,这种奋斗的精神,让人为之动容,肃然起敬!他们是名副其实的追梦勇士。

写完后记,我突然觉得我也是精进路上的追梦人之一,这让我顿感骄傲,就像一滴水经过一生的奔腾,终于融入大海。

"纵化大浪中,不喜亦不惧。应尽便须尽,无复独多虑。"这是陶渊明的醒世恒言,亦是我的微信签名,以此作为本文的结尾,与所有追梦人共勉。祝愿每个追梦人:让精进成为奋斗的血液,咬定青山不放松,一个梦,一群人,一辈子。

林刚丰

(永康市崇德学校校长)

2019 年 9 月 3 日